物联网技术发展及创新性研究

舒万畅　全晓艳　薛　强◎著

吉林出版集团股份有限公司
全国百佳图书出版单位

图书在版编目（CIP）数据

物联网技术发展及创新性研究 / 舒万畅，全晓艳，
薛强著 .—长春 : 吉林出版集团股份有限公司，
2023.10
　　ISBN 978-7-5731-4434-8

　　Ⅰ .①物… 　Ⅱ .①舒… ②全… ③薛… 　Ⅲ .①物联网
– 研究 　Ⅳ .① TP393.4 ② TP18

中国国家版本馆 CIP 数据核字 (2023) 第 204940 号

物联网技术发展及创新性研究
WULIANWANG JISHU FAZHAN JI CHUANGXIN XING YANJIU

著　　者　舒万畅　全晓艳　薛　强
责任编辑　刘东禹
助理编辑　李　响
开　　本　787mm×1092mm　1/16
印　　张　6.5
字　　数　130 千字
版　　次　2023 年 10 月第 1 版
印　　次　2023 年 10 月第 1 次印刷
出　　版　吉林出版集团股份有限公司
发　　行　吉林音像出版社有限责任公司
　　　　　（吉林省长春市南关区福祉大路 5788 号）
电　　话　0431-81629679
印　　刷　吉林省信诚印刷有限公司
ISBN 978-7-5731-4434-8　定　　价　49.00 元
如发现印装质量问题，影响阅读，请与出版社联系调换。

前 言

　　物联网是国家新兴战略产业中信息产业发展的核心领域，在国民经济中发挥着重要作用。目前，物联网技术是全球研究的热门课题，我国和其他许多国家都把它的发展提到了国家级的战略高度，其也被称为继计算机、互联网之后世界信息产业的第三次浪潮。

　　随着全球一体化、工业自动化和信息化进程不断加深，物联网应用已经涉及生产的方方面面，渗透到人们的日常工作和生活当中。物联网通过各种信息传感设备、创业网络设备把物品与互联网连接起来，实现了人与物、物与物之间的连接。物联网通过传感技术获取各种环境参数信息，这些信息通过各种无线传输技术以及信息通信网络汇总到后台并形成大数据，我们再用相关工具对大数据进行数据分析与挖掘处理，提取有价值的信息，从而可以使得物联网体现其商业价值和社会价值。物联网与人工智能、智能硬件、大数据、区块链等新技术的结合，也会迎来巨大的跨界融合机遇。

　　在本书的策划和编写过程中，曾参阅了国内外有关的大量文献和资料，从其中得到启示；同时也得到了有关领导、同事、朋友及学生的大力支持与帮助。在此致以衷心的感谢！由于网络信息安全的技术发展非常快，本书的选材和编写还有一些不尽如人意的地方，加上编者学识水平和时间所限，书中难免存在缺点和谬误，敬请同行专家及读者指正，以便进一步完善提高。

舒万畅

2023 年 3 月

目　录

第一章

物联网发展概述

第一节　物联网发展历程

一、物联网发展的背景

（一）物联网的概念

物联网就是把新一代 IT 技术充分运用在各行各业之中，把感应器嵌入和装备到电网、铁路、桥梁、隧道、公路、建筑、供水系统、大坝、油气管道等各种物体中，然后将"物联网"与现有的互联网整合起来，实现人类社会与物理系统的整合。在这个整合的网络当中，存在能力超级强大的中心计算机群，能够对整合网络内的人员、机器、设备和基础设施实施实时的管理和控制。在此基础上，人类可以以更加精细和动态的方式管理生产和生活，达到"智慧"状态，提高资源利用率和生产力水平，改善人与自然间的关系。

"物联网"时代将会给人们的日常生活带来翻天覆地的变化。人们也正在走向"物联网"时代。

（二）物联网的发展历程

网络深刻地改变着人们的生产和生活方式。从早期用电子邮件沟通地球两端的用户，到超文本标记语言和万维网技术引发的信息爆炸，再到如今多媒体数据的丰富展现，互联网已不仅仅是一项通信技术，更成就了人类历史上最庞大的信息世界。在可以预见的未来，互联网上的各种应用，或者说以互联网为代表的计算模式，将持续地把人们吸引在浩瀚的信息空间中。

进入 21 世纪以来，随着感知识别技术的快速发展，信息从传统的人工生成的单通道模式转变为人工生成和自动生成的双通道模式。以传感器和智能识别终端为代表的信息自动生成设备可以实时准确地开展对物理世界的感知、测量和监控。低成本芯片制造使得互联网的终端数目激增，而网络技术使得综合利用来自物理世界的信息变为可能。与此同时，互联网的触角（网络终端和接入技术）不断延伸，深入人们生产、生活的各个方面。以手机和笔记本电脑作为上网终端的使用率迅速攀升，互联网随身化、便携化的趋势进一步明显。

一方面是物理世界的联网需求，另一方面是信息世界的扩展需求。来自上述两方面的需求催生出了一类新型网络——物联网。

1995 年，《未来之路》一书将物联网技术在家居场景方面的应用做了详细的阐述，使得人们对于物联网应用有了初步的认识。由于当时的传感器、无线网络及其他硬件水平有限，所以物联网只是作为一个模糊的概念而存在。

"物联网"一词产生于国外一所学院建立的自动识别中心，其是由该中心创始人之一在研究射频识别技术时提出的。他认为互联网依靠和处理的是人类各种以字节形式存储的信息，而"物"才是与人类生活最相关的东西，物联网的意义就在于借助互联网和各类数据采集手段收集各种"物"的信息，以服务于人类。因此，物联网被定义为把所有物品通过射频识别设备、传感器等信息识别装置，将其蕴涵的数据共享至互联网，实现智能识别和管理等行业应用的一种网络。此时的物联网主要指基于射频识别技术的物物互联的网络。

近年来，越来越多的国家开始了物联网的发展计划和行动，物联网行业发展开始呈现出欣欣向荣的景象。

二、相关技术发展的背景

目前物联网已成为 IT 业界的新兴领域，引发了相当热烈的研究和探讨。不同的视角对物联网概念的看法不同，所涉及的关键技术也不相同。可以确定的是，物联网技术涵盖了从信息获取、传输、存储、处理直至应用的全过程，这需要在材料、器件、软件、网络、系统等各个方面都有所创新才能促进其发展。国际电信联盟的报告提出，物联网主要需要的关键性应用技术有标签物品的射频识别技术、感知事物的传感网络技术、思考事物的智能技术、微缩事物的纳米技术，该报告侧重了物联网的末梢网络技术。

欧盟《物联网研究路线图》将物联网研究划分为 10 个层面：①感知，ID 发布机制与识别；②物联网宏观架构；③通信（OSI 物理层与数据链路层）；④组网（OSI 网络层）；⑤软件平台、中间件（OSI 网络层以上）；⑥硬件；⑦情报提炼；⑧搜索引擎；⑨能源管理；⑩安全。本小节针对物联网的内涵，分析研究实现物联网所涉及的关键技术，譬如感知技术、网络通信技术、云计算技术，以及数据融合与智能技术等。

（一）感知技术

感知技术也称为信息采集技术，是实现物联网的基础。目前，信息采集主要采用电子标签和传感器等方式完成。

1. 电子标签射频识别技术

在感知技术中，电子标签用于对采集的信息进行标准化标识，数据采集和设备控制通过射频识别读写器、二维码识读器等实现。射频识别技术是一种无线通信技术，可以通过无线电讯号识别特定目标并读写相关数据，而无须识别系统与特定目标之间建立机械或者光学接触。从概念上来讲，射频识别类似于条码扫描，对于条码技术而言，它将已编码的条形码附着于目标物，并使用专用的扫描读写器，利用光信号将信息由条形磁传送到扫描读写器；而射频识别则使用专用的射频识别读写器及专门的可附着于目标物的射频识别标签，利用电磁波信号将信息由射频识别标签传送至射频识别读写器。

雷达的改进和应用催生了射频识别技术，射频识别技术的理论基础于 1984 年被奠定了。早期射频识别技术的探索主要处于实验室实验研究的状态。20 世纪 70 年代以后，射频识别技术与产品研发处于一个大发展时期，各种射频识别技术的测试得到加速，出现了一些最早的射频识别应用。2000 年以后，标准化问题日趋为人们所重视，射频识别产品种类更加丰富，有源电子标签、无源电子标签得到发展，电子标签的成本不断降低，规模应用行业扩大，适应高速移动物体的射频识别技术与产品正在成为现实并走向应用。目前射频识别技术已经广泛应用于门禁、电子溯源、食品溯源、产品防伪等方面。

2. 传感器技术

传感器技术是物联网必不可少的技术之一，是新时代新需求对物体进行监控管理重要的一部分。如果把处理系统比作人类的大脑，那么传感器就是人类的感官系统——神经末梢，将收到的信号经过处理后发送到计算机上。其工作原理就是将传感器布置在需要监测数据的环境中，每个传感器都被当作一个节点，可以独立地工作，也可以和其他节点共同构成网络联系，再将共同的信号传输到集结点上。当外界条件发生改变时，传感器就会感知到这些变化，进而将信号传输到集结点上，然后信号从集结点被传送到电子计算机上进行处理。

传感器技术是多部门多学科结合到一起的高新技术，其将物理、化学、生物、统计、光热、电信号等学科高效地结合到一起，因此其被应用于多个领域，常被用来监测不同环境下不同的物理量、化学量、生物量，比如湿度、温度、光照、压力、体内指标、溶液浓度等，其还具有隐蔽性高、廉价、容易部署等特点，因此也被广泛地运用于军事领域中。如今的传感器技术趋向于集成化、智能化、微型化、信息化，正在逐渐地迈向更高深、更智能的领域——生物传感器。因此，传感器技术的发展对于物联网技术的广泛应用起到推波助澜的关键作用。

（二）网络通信技术

网络通信技术是信息在物物之间联系的纽带，包括互联网应用技术，无线传感技术，2G、3G、4G、5G 网络通信技术等。这里我们简要介绍 ZigBee 技术及 M2M 技术，其他无线通信技术将在后续章节进行解释。

1. ZigBee 技术

在蓝牙技术的使用过程中，存在许多缺点，如对工业、家庭自动化控制和工业遥测遥控领域而言，蓝牙技术显得太复杂，而且其还有功耗大、距离近、组网规模太小等缺点，而工业自动化对无线数据通信的需求越来越高。对于工业现场而言，无线数据传输必须是高可靠的，并能抵抗工业现场的各种电磁干扰。ZigBee 协议在 2003 年正式问世。ZigBee 是电气和电子工程师协会 IEEE 802.15.4 协议的代名词。根据这个协议规定的技术是一种近距离、低复杂度、低功耗、低数据速率、低成本的双向无线通信技术，不仅适合自动控制和远程控制领域，还可以嵌入各种设备中，同时支持地理定位功能。蜜蜂（bee）是靠飞翔和"嗡嗡"（zig）地抖动翅膀的"舞蹈"来与同伴传递花粉所在方位和远近信息的，也就是说蜜蜂依靠着这样的方式构成了群体中的通信"网络"，所以，ZigBee 的发明者们形象地利用蜜蜂的这种行为来描述这种无线信息传输技术。

2. M2M 技术

M2M 能实现机器与其他机器或人之间的沟通与联系，它涵盖了所有在人、机器、系统之间建立通信连接的技术和手段。与 M2M 可以实现技术结合的远距离连接技术有 GSM、GPRS、UMTS 等，Wi-Fi、蓝牙、ZigBee、射频识别和 UWB 等近距离连接技术也可以与之相结合，此外还有 XML 和 Corba，以及基于 GPS、无线终端和网络的位置服务技术等。

M2M 有很广阔的发展空间，如今其就被广泛地应用于智能手表、车载导航等行业，随着计算机和移动设备越来越普及，M2M 也会越来越科技化、前卫化。但如今需要解决的问题，就是如何保证网络的覆盖性和可靠性，以及如何创作出更标准的 M2M 平台以供人使用。

3. 云计算技术

云计算技术是一种高效利用闲置资源的新型计算模式。随着互联网时代信息与数据的快速增长，有大规模、海量的数据需要处理。当数据计算量超出自身 IT 架构的计算能力时，一般通过加大系统硬件投入来实现系统的可扩展性。另外，由于传统并行编程模型应用的局限性，客观上还需要一种易学习、使用、部署的并行编程框架来处理海量数据。为了节省成本和实现系统的可扩展性，云计算的概念应运而生。云计算作为一种能够满足海量数据处理需求的计算模型，将成为物联网发展的基石，因为云计算具有超强的数据处理和存储能力，物联网无处不在的信息采集活动，需要大范围的支撑平台以满足其大规模的需求。实现云计算的关键技术是虚拟化技术。用虚拟化技术将物理资源虚拟成软件资源，可形成多种资源池，这样可以提供按需交付、灵活弹性、集中规模、自由调度、安全管理等多种功能，可满足当代企业和用户对大规模数据计算、复杂逻辑处理的迫切要求。利用云计算技术可以大大降低对资源进行使用的成本，提高资源的灵活性和可用性。

4. 数据融合与智能技术

所谓数据融合是指将多种数据或信息进行处理，组合出高效且符合用户需求的数据的过程。在传感网应用中，多数情况只关心监测结果，并不需要收集大量原始数据，数据融合是处理该类问题的有效手段。借助数据稀疏性理论在图像处理中的应用，可将其引入传感网并用于数据压缩，以改善数据融合效果。分布式数据融合技术需要人工智能理论的支撑，包括智能信息获取的形式化方法、海量信息处理的理论和方法、网络环境下信息的开发与利用方法，以及计算机基础理论，还有智能信号处理技术，如信息特征识别和数据融合、物理信号处理与识别等。

智能技术通过在物体中植入智能系统，可以使得物体具备一定的智能性，能够主动或被动地实现与用户的沟通，从而实现人与物体的交互对话，甚至实现物体与物体之间的交互或对话。

企业大部分业务涉及芯片、传感器、射频识别、网络与通信、软件与系统集成、应用服务以及数据存储等物联网产业环节，技术或产品服务的重点行业领域涵盖工业、交通 / 车联网、环保、家居、农业、能源、医疗、物流、政务、金融、教育、电信等。未来应着力发展的物联网技术如下。

（1）芯片的研发。芯片是物联网产业的基础和核心，只有研发基于完全自主知识产权的芯片，才能摆脱相关应用被人限制、费用成本高、信息安全不能得到有效保障等问题。

（2）物联网安全标准与技术的研究。安全问题是制约物联网大规模应用的至关重要的因素之一，因此，物联网安全问题迫切需要得到解决。

（3）物联网与大数据融合关键技术和应用的研发。物联网产生的大量数据价值巨大，大数据技术与物联网的结合能够有效地释放物联网数据的潜在价值，并创造出许多新的应用甚至业务模式。

三、相关产业的发展

（一）物联网相关产业的划分

物联网相关产业是指实现物联网功能所必需的相关产业集合，从产业结构上主要包括服务业和制造业两大范畴。

物联网制造业以感知端设备制造业为主，又可细分为传感器产业、射频识别产业以及智能仪器仪表产业。感知端设备的高智能化与嵌入式系统息息相关，设备的高精密化离不开集成电路、嵌入式系统、微纳器件、新材料、微能源等基础产业的支撑。部分计算机设备、网络通信设备也是物联网制造业的组成部分。

物联网服务业主要包括物联网网络服务业、物联网应用基础设施服务业、物联网软件开发与应用集成服务业以及物联网应用服务业四大类。其中物联网网络服务业又可细分为机器对机器（M2M）信息通信服务、行业专网信息通信服务以及其他信息通信服务，物联网应用基础设施服务业主要包括云计算服务、存储服务等，物联网软件开发与应用集成服务业又可细分为基础软件服务、中间件服务、应用软件服务、智能信息处理服务以及系统集成服务，物联网应用服务又可细分为行业服务、公共服务和支持性服务。

物联网产业绝大部分属于信息产业，但也涉及其他产业，如智能电表等。物联网产业的发展不是对已有信息产业的重新统计划分，而是通过应用带动形成新市场、新形态，整体上可分为3种情形。一是因物联网应用对已有产业的提升，主要体现在产品的升级换代，如传感器、射频识别、仪器仪表的发展已数十年，由于物联网应用使之向智能化、网络化升级，从而实现产品功能、应用范围和市场规模的巨大扩展，传感器产业与射频识别产业成为物联网感知终端制造业的核心。二是因物联网应用对已有产业的横向市场拓展，主要体现在领域延伸和量的扩张两方面，如服务器、软件、嵌入式系统、云计算等由于物联网应用扩展了新的市场需求，形成了新的增长点。仪器仪表产业、嵌入式系统产业、云计算产业、软件与集成服务业不但与物联网有关，也是其他产业的重要组成部分，物联网成为这些产业发展的新风向标。三是因物联网应用创造和衍生出的独特市场和服务，如传感器网络设备、M2M通信设备以及服务、物联网应用服务等均是物联网发展后才形成的新型业态，为物联网所独有。物联网产业当前浮现的只是初级形态，市场尚未大规模启动。同时，物联网产业也可按关键程度划分为物联网核心产业、物联网支撑产业和物联网关联产业。

1. 物联网核心产业

重点发展与物联网产业链条紧密关联的硬件、软件、系统集成及运营服务四大核心领域。着力打造传感器与传感节点、射频识别设备、物联网芯片、操作系统、数据库软件、中间件、应用软件、系统集成、网络与内容服务、智能控制系统及设备等产业。

2. 物联网支撑产业

支持发展微纳器件、集成电路、网络与通信设备、微能源、新材料、计算机及软件等相关支撑产业。

3. 物联网关联产业

着重发挥物联网带动效应，利用物联网大规模产业化和应用对传统产业的重大变革，重点推进带动效应明显的现代装备制造业、现代农业、现代服务业、现代物流业等产业的发展。

（二）未来物联网产业发展的方向

未来全球物联网产业总的发展趋势是规模化、协同化和智能化。同时以物联网应用带动物联网产业将是全世界各国的主要发展方向。

1. 规模化发展

随着世界各国对物联网技术、标准和应用的不断推进，物联网在各行业领域中的规模将逐步扩大，尤其是一些政府推动的国家性项目，将吸引大批有实力的企业进入物联网领域，大大推动物联网应用进程，为扩大物联网产业规模产生巨大作用。

2. 协同化发展

随着产业和标准的不断完善，物联网将朝着协同化方向发展，形成不同物体间、不同企业间、不同行业乃至不同地区或国家间物联网信息的互联互通互操作，应用模式从闭环走向融合，最终形成可服务于不同行业和领域的全球化物联网应用体系。

3. 智能化发展

物联网将从目前简单的物体识别和信息采集，走向真正意义上的物联网——实时感知、网络交互和应用平台可控可用，实现信息在真实世界和虚拟空间之间的智能化流动。

目前，物联网仍处于起步阶段，物联网产业支撑力度不足，行业需求需要引导，距离成熟应用还需要多年的培育和扶持，其发展还需要各国政府通过政策加以引导和扶持。因此，未来几年各国将结合本国优势，优先发展重点行业应用以带动物联网产业。我国确定的重点发展物联网应用的行业包括电力、交通、物流等战略性基础设施领域，以及能够大幅度地促进经济发展的重点领域。

第二节　物联网发展趋势与挑战

一、我国物联网概况

（一）总体情况

我国在物联网领域的布局较早，中国科学院早在 1999 年就开始了对传感网的研究。十多年来我国在无线智能传感器网络通信、微型传感器等众多物联网技术上取得了重大进展，并具备了一定的技术优势。

2010 年 10 月，中国研发出首颗物联网核心芯片——"唐芯一号"。2009 年 11 月 7 日，总投资超过 2.76 亿元的 11 个物联网项目在无锡成功签约，项目研发覆盖传感网络智能技术研发、传感网络应用研究、传感网络系统集成等物联网产业多个前沿领域。2010 年工业和信息化部与国家发展改革委出台了系列政策支持物联网产业化发展，到 2020 年之前我国已经规划了 3.86 万亿元的资金用于物联网产业化的发展。

在国家重大科技专项、国家自然科学基金和"863"计划的支持下，国内新一代宽带无线通信技术、高性能计算与大规模并行处理技术、光子和微电子器件与集成系统技术、传感网络技术、物联网体系架构及其演进技术等研究与开发取得了重大进展，我国先后建立了传感技术国家重点实验室、传感器网络实验室和传感器产业基地等一批专业研究机构和产业化基地，开展了一批具有示范意义的重大应用项目。目前，北京、上海、江苏、浙江、无锡和深圳等地都在开展物联网发展战略研究，制订物联网产业发展规划，出台扶持产业发展的相关优惠政策。我国物联网数据规模及其多样性持续扩大，行业生态体系逐步完善，细分领域创新成果不断涌现，产业技术和应用发展进入落地关键期。

（二）发展优势

1. 技术优势

我国物联网的迅速崛起得益于我国在物联网方面的几大优势。

第一，我国传感网技术研发水平处于世界前列。中国科学院早在1999年就开展了物联网核心传感网技术研究，与其他国家相比具有先发优势。在无线智能传感器网络通信技术、微型传感器、传感器终端机、移动基站等方面取得重大进展，目前已拥有从材料、技术、器件、系统到网络的完整产业链。研发水平处于世界前列。

第二，在世界传感网领域，我国是标准主导国之一，我国在世界传感网领域专利拥有量高。成为国际标准制定的主导国之一。

第三，我国是目前能够实现物联网完整产业链的国家之一。业内专家表示，掌握物联网的世界话语权，不仅仅体现在技术领先，更在于我国是世界上少数能实现产业化的国家之一。这使我国在信息技术领域迎头赶上甚至占领产业价值链的高端成为可能。

第四，我国无线通信网络和宽带覆盖率高，为物联网的发展提供了坚实的基础设施支持。目前，我国无线通信网络已经覆盖了城乡，从繁华的城市到偏僻的农村，从海岛到珠穆朗玛峰，到处都有无线网络的覆盖。无线网络是实现"物联网"必不可少的基础设施，为物联网的发展提供了坚实的基础设施支持，安置在动物、植物、机器和物品上的电子介质产生的数字信号可随时随地通过无处不在的无线网络传送出去。云计算技术的运用，使数以亿计的各类物品的实时动态管理变得可能。

第五，我国有较为雄厚的经济实力支持物联网发展。中科院无锡微纳传感网工程技术研发中心是国内目前研究物联网的核心单位。大力推进物联网发展，突出抓好平台建设和应用示范工作，并迅速形成了研发安全感与产业突破的先发优势。无锡市则作出部署：

举全市之力，抢占新一轮科技革命制高点，把无锡建成传感网信息技术的创新高地、人才高地和产业高地。

2. 高校研究

物联网在中国高校研究的焦点在北京邮电大学和南京邮电大学。作为"感知中国"的中心，无锡市与北京邮电大学就传感网技术研究和产业发展签署合作协议，标志着中国物联网进入实际建设阶段。协议声明，无锡市将与北京邮电大学合作建设研究院，内容主要围绕传感网，涉及光通信、无线通信、计算机控制、多媒体、网络、软件、电子、自动化等技术领域。此外，相关的应用技术研究、科研成果转化和产业化推广工作也同时纳入议程。

为积极参与"感知中国"中心及物联网建设的科技创新和成果转化工作，保持、扩大学校在物联网研究领域的优势，南京邮电大学召开了物联网建设专题研讨会，及时调整科研机构和专业设置，新成立了物联网与传感网研究院、物联网学院。2009 年 9 月 10 日，全国高校首家物联网研究院在南京邮电大学正式成立。此外，南京邮电大学还进行了一系列举措推进物联网建设的研究：设立物联网专项科研项目，鼓励教师积极参与物联网建设的研究；启动"智慧南邮"平台建设，在校园内建设物联网示范区等。2010 年 6 月 10 日，江南大学为进一步整合相关学科资源，推动相关学科跨越式发展，提升战略性新兴产业的人才培养与科学研究水平，服务物联网产业发展，江南大学信息工程学院和江南大学通信与控制工程学院合并组建成立物联网工程学院，这是全国第一个物联网工程学院。

3. 市场优势

中国近年来互联网产业迅速发展，网民数量全球第一，在未来的物联网产业发展中具备良好基础。物联网将大量物品连接到互联网，可以远程采集信息并进行控制，实现人和物或物和物之间的信息交换。当前物联网行业的应用需求和领域非常广泛，潜在市场规模巨大。物联网产业在发展的同时还将带动传感器、微电子、视频识别系统等一系列产业的同步发展，并带来巨大的产业集群效益。

二、物联网的战略意义

物联网的提出体现了大融合理念，突破了将物理基础设施和信息基础设施分开的传统思维，具有很大的战略意义。在实践上也期望其能够解决交通、电力和医疗等行业上的一些问题。

从通信的角度看，现有通信主要是人与人的通信，而物联网涉及的通信对象更多的是"物"，仅就目前涉及的行业而言，就有交通、教育、医疗、物流、能源、环保、安防等。涉及的个人电子设备，有电子书阅读器、音乐播放器、DVD 播放器、游戏机、数码相机、家用电器等。如果这些所谓的"物"都纳入物联网通信应用范畴，其潜在可能涉及的通信连接数可达数百亿个，为通信领域的扩展提供了巨大的想象空间。

考虑物联网潜在的巨大通信连接数目和极具吸引力的融合理念，有人将物联网称为继万维网和移动互联网之后互联网变革的第三阶段，还有人将其称为在大型机、PC 机、互联网之后的计算模式变革的第四阶段。简言之，以物联网为代表的新型产业革命为大家开启了巨大的想象空间，各国政府和产业界都对其未来发展寄予极大的希望。但是需要指出的是，这种战略上的巨大市场潜力要真正转化为现实的有分量的市场收入，还需要经过几十年长期不懈的努力和脚踏实地的工作才有可能，绝不能有不切实际、急功近利的幻想和冲动。

随着物联网的发展，物联网技术得到了更加广泛的应用，将使人类社会步入智能化和统一化的时代，物联网产业发展有利于世界各国经济发展。更为重要的是物联网作为一种新的产业模式，其核心的价值除了经济增长之外，还能提升整个社会的运行效率，改变人们的生活方式。

（一）经济价值

1. 低碳经济与绿色经济

低碳经济是以低能耗、低污染、低排放为基础的经济模式，是人类社会继农业文明、工业文明之后的又一次重大进步。低碳经济实质是能源高效利用、清洁能源开发、追求绿色 GDP 的问题，核心是能源技术和减排技术创新、产业结构和制度创新以及人类生存发展观念的根本性转变。特征是以减少温室气体排放为目标，构筑以低能耗、低污染为基础的经济发展体系，包括低碳能源系统、低碳技术和低碳产业体系。

绿色经济是以市场为导向，以传统产业经济为基础，以经济与环境的和谐为目的而发展起来的一种新的经济形式，是产业经济为适应人类环保与健康需要而产生并表现出来的一种发展状态。特征是绿色经济以经济与环境的和谐为目标，将环保技术、清洁生产工艺等众多有益于环境的技术转化为生产力，并通过有益于环境或与环境无对抗的经济行为，实现经济的可持续增长。绿色经济既是指具体的一个微观单位经济，又是指一个国家的国民经济，甚至是全球范围的经济。

物联网把新一代 IT 技术充分运用在各行各业之中，实现人类社会与物理系统的整合，并能实施实时的管理和控制，使人类能以更加精细和动态的方式管理生产生活，让它们达到"智慧"的状态，还能给绿色经济、低碳经济提供重要的技术支持，推进经济转型与可持续发展，并能保护自然生态环境，使人类与自然的关系更加和谐。

2. 信息经济与知识经济

有效利用资源与保护自然环境是经济可持续发展的基础，其能不断创造价值并赋予经济发展不竭的动力。传统的农业经济和工业经济等物质生产经济更多的是通过物质的产量输出价值，在产业模式上出现革命性突破的可能性不大。信息经济与知识经济可以超越物质实体的限制，提供更多的创新机会和更大的创造空间。

"信息经济"的概念最早是由外国学者在20世纪50年代提出的。信息经济是以现代信息技术等高科技技术为物质基础，信息产业起主导作用的，基于信息、知识、智力的一种新型经济，是产业信息化和信息产业化两个相互联系和沿着彼此促进的途径不断发展的产物。

"知识经济"最早是由联合国研究机构在1990年提出来的。知识经济是以现代科学技术为基础，建立在知识和信息的生产、存储、使用和消费之上的经济。知识经济基于工业经济和信息经济，是以知识的生产、传播、转让和使用，展示最新科技和人类知识精华为主要活动的经济形态。

如今，信息化建设是加快我国发展的战略选择。代表第三次信息产业浪潮的物联网，将是信息经济与知识经济的重要技术基础，它能为经济发展提供高效便捷的服务，并引领信息科技发展的方向，势必能推动信息经济与知识经济的大发展。

（二）科技发展需求

1. 传感器技术

科技发展的脚步越来越快，人类已经置身于信息时代。而作为信息获取最重要和最基本的技术——传感器技术，也得到了极大的发展。传感器信息获取技术已经从过去的单一化渐渐向集成化、微型化和网络化方向发展，并将会带来一场信息革命。传感器技术是现代信息技术的主要技术之一，也是物联网核心技术之一，在国民经济建设中占有极其重要的地位。传感器技术的发展必将促进物联网的应用与发展，加快物联网的产业化；反之，物联网的发展需求也必将进一步带动传感器技术的发展。

2. 信息处理与服务技术

（1）由于感知设备数量庞大，分布范围广阔，物联网从现实物理世界获取的数据量多到难以估计的程度。物联网信息处理方面的一个重要研究内容就是海量信息处理。信息存储是对信息进一步加工，提取更多有用信息的基础。为应对数据的海量增长，分布式数据库系统比集中式数据库系统拥有更好的扩展性。分布式数据库系统可以保证用户就近访问和使用数据库资源，降低了通信代价。由于分布式数据库系统具有在空间位置上分散的特点，系统故障造成的损失可降至最小。发展和完善分布式数据库系统是解决海量信息存储问题的主要方式。

海量信息的查询和检索，对于信息的分析和利用有重要意义。从海量信息中查询、检索目标信息的效率，往往由信息的存储、访问方式决定。提高海量信息查询、检索效率的关键在于设计优秀的信息索引结构和高性能的信息查询算法。

（2）物联网信息处理的另外一个重要内容是智能信息处理，即利用信息提供各种有意义、有价值的服务，使信息处理进入一个更高级的阶段，如数据挖掘、知识发现等。数据挖掘技术的目的在于发现不同数据之间潜在的联系，在不同应用背景下进行更高层次的分析，以便更好地解决决策、预测等问题。数据挖掘是多学科交叉研究领域，涉及数据库技术、人工智能、机器学习、统计学、高性能计算、信息检索、数据可视化等。数据挖掘的发展依赖相关科技的进步，也推动了相关科技的发展。知识发现的目的是向使用者屏蔽原始数据的繁琐细节，从原始数据中提炼出有意义的、简练的知识，让使用者直接把握核心内容。一个完整的知识发现过程，包括问题定义、数据抽取、数据预处理、数据挖掘以及模式评估。按照知识类型对知识发现技术分类，有关联规则、特征挖掘、分类、聚类、总结知识、趋势分析、偏差分析、文本挖掘等。

3. 网络通信技术

网络通信是物联网信息传递和服务支撑的基础技术。面向物联网的网络通信技术主要解决异构网络、异构设备的通信问题，以及保障相关的通信服务质量和通信安全，如近场通信、认知无线电技术等。

能量受限是传感器节点在实际工作环境中普遍面临的问题，而通信消耗的能量在传感器节点消耗的总能量中占比重最大。为降低传感器节点的能量消耗，延长其工作寿命，低功耗通信技术是极为关键、有效的解决方案。

近场（近距离）通信技术让各种电子设备在短距离内简单地进行无线连接通信，可以大大简化设备之间的识别、认证过程，使网络设备间的相互访问更直接、更安全。手机支付、身份认证、产品防伪都是近场通信技术的典型应用。

认知无线电技术为物联网大规模应用奠定了基础。认知无线电技术的使用，使得感知互动层网络的物理层和 MAC 层可以获得更多的通信资源，可以满足要求严格的业务服务质量需求，减少能量消耗，大幅度扩展通信效率。

物联网连接的网络、信息系统差异巨大，具有很强的异构性，即存在信息定义结构不同、操作系统不同、网络体系不同、信息传输机制不同等。为实现异构网络信息系统之间的互联、互通和互操作，需要建立一个开放的、分层的、可扩展的物联网的网络体系架构，实现异构网络的融合。

移动通信网、互联网、传感器网络等都是物联网的重要组成部分，这些网络以网关为核心设备进行连接、协同工作，并承载各种物联网的服务。随着物联网业务的成熟和丰富，移动性支持和服务发展成为网关设备的必要功能。

信息和网络安全是物联网实现大规模商业应用的先决条件。物联网安全技术的研究包括安全体系结构、安全算法、网络组件及互操作的隐私和安全策略等。

4. 能源技术

新能源技术是高新技术的支柱，包括核能技术、太阳能技术、燃煤、磁流体发电技术、地热能技术、海洋能技术等。其中核能技术与太阳能技术是新能源技术的主要标志，通过对核能、太阳能的开发利用，打破了以石油、煤炭为主体的传统能源观念，开创了能源的新时代。新能源技术的发展目标是能高效、低成本地推广使用，其发展方向就是替代传统能源。

物联网的发展必将促进太阳能电池、电池储能技术的发展，智能电网的应用也将带动电力技术的革新。

总之，物联网在发展国民经济、建设文明和谐社会、维护保障国家安全以及推动科学技术进步等方面有着十分重要的战略意义。

第二章

物联网技术基础

第一节　物联网体系结构

一、物联网体系结构概述

（一）物联网的基本特征

1. 全面感知

全面感知是指利用射频识别、传感器、二维码等随时随地获取物体信息。

2. 可靠传递

可靠传递是指通过各种通信网络与互联网的融合，将物体的信息实时准确地传递出去。

3. 智能处理

智能处理是指利用云计算、模糊识别等各种智能计算技术，对海量数据和信息进行分析和处理，对物体实施智能化的控制。

（二）物联网标准

1. 标准的意义、本质与作用

标准是经过协商一致确立的、并由公认机构核准的文件。

从物联网架构的角度来看，未来物联网的标准将在其中发挥着极其重要的作用。

首先，通过标准，可以使参与其中的各种物品、个人、公司、企业、团体以及机构

方便地实现标准技术，使用物联网的应用，享受物联网的建设成果和便利条件，而且可以在各个国家、地区和国际组织之间起到不可替代的协调作用。

其次，通过标准，可以促进未来的物联网解决方案市场的竞争性，增进各种技术解决方案之间的互操作能力，同时避免和限制垄断的形成，保证基于物联网开放基础平台的解决方案提供商可以不受限制地、平等地向他们的用户提供各种各样、丰富精彩的应用与服务，从而保障任何个人以及组织可以享受这样一个富含竞争力的市场所带来的各种实惠。

同时，通过标准，可以允许参与物联网的个人和组织，在他们进行信息共享与数据交换时，高效地完成所需的工作，最大限度地减少和避免所交换信息的意义产生歧义的可能性。

最后，随着全球 / 全局信息生成和信息收集基础设施的逐步建立，国际质量和诚信体系标准将变得至关重要。我们要保证这些标准可以在全球范围内顺利地部署到位。

2. 物联网标准发展现状

总体来说，物联网标准工作还处于起步阶段，目前各标准组织自成体系，标准内容涉及架构、传感、编码、数据处理、应用等，不尽相同。各标准组织都比较重视应用方面的标准制定。在智能测量、城市自动化、汽车应用、消费电子应用等领域均有相当数量的标准正在制定中，这与传统的计算机和通信领域的标准体系有很大不同（传统的计算机和通信领域标准体系一般不涉及具体的应用标准），这也说明了"物联网是由应用主导的"观点在国际上已成为共识。

不难发现，"物联网"这个让许多人捉摸不定的概念的背后，是有着具体的体系结构和技术支持的，而这些技术和体系有着广泛的应用背景。可见，物联网显著的特点是技术集成，以应用为本。

二、物联网体系结构

物联网是指通过射频识别、红外感应器、激光扫描器等信息传感设备获取物体信息，按约定的协议，把物体与互联网连接起来，进行信息交换和通信，实现智能化识别、定位、跟踪、监控和管理。

物联网的体系结构分为三层，底层是物联网感知层，功能是感知世界，主要完成信息的采集、转换和收集；中间层是物联网网络层，功能是传输数据，主要完成信息的传递和处理；上层是物联网应用层，功能是处理数据，主要完成数据的管理和数据的处理，并将这些数据与行业应用相结合。物联网的各层次之间相对独立又紧密联系。

（一）感知层

1. 感知层功能

感知层的功能是识别物体和采集数据。对我们人类而言，是利用五官和皮肤，通过视觉、味觉、嗅觉、听觉和触觉感知外部世界。而感知层就是物联网的五官和皮肤，用于识别外界物体和采集信息。感知层解决的是人类世界和物理世界的数据获取问题。它首先通过传感器、数码照相机等设备，采集外部物理世界的数据，然后通过射频识别、条形码、工业现场总线、蓝牙、红外等短距离传输技术对数据的协同信息处理的过程。

2. 感知层主要技术

感知层涉及的主要技术有射频识别技术、无线传感器网络技术、短距离无线通信技术，其中还包含芯片研发、通信协议研究、射频识别材料等等细分技术。

（1）射频识别技术。射频识别系统由读写器、电子标签、微型天线和数据管理系统组成。其工作原理是读写器发射特定频率的无线电波能量，形成电磁场，用以驱动电路将内部的数据送至标签，此时读写器便依序接收解读标签数据，送给 PC 端做相应的处理。

（2）无线传感器网络技术。无线传感器网络是一项通过无线通信技术把数以万计的传感器节点以自由式进行组织与结合，进而形成的网络形式。构成传感器节点的单元分别为：数据采集单元、数据传输单元、数据处理单元以及能量供应单元。其中，数据采集单元通常都是采集监测区域内的信息并加以转换，比如光强度、大气压力与湿度等；数据传输单元则主要以无线通信、交流信息及发送接收那些采集来的数据信息为主；数据处理单元通常处理的是全部节点的路由协议、管理任务及定位装置等；能量供应单元为缩减传感器节点占据的面积，会选择微型电池的构成形式。环境信息收集的智能传感网络，感知层由配电网智能传感器和网关单元组成，智能传感器感知信息，并自行组网将数据传递至上层网关单元，由网关将收集到的感应数据通过公共移动通信网络（网络层）提交至后台处理。

相较于传统式的网络和其他传感器，无线传感器网络有以下特点：

①组建方式自由。无线传感器的组建不受任何外界条件的限制，组建者无论在何时何地，都可以快速地组建起一个功能完善的无线传感器网络，组建成功之后的维护管理工作也完全在网络内部进行。

②网络拓扑结构的不确定性。从网络层次的方向来看，无线传感器的网络拓扑结构

是变化不定的，例如：构成网络拓扑结构的传感器节点可以随时增加或者减少，网络拓扑结构图可以随时被分开或者合并。

③控制方式不集中。虽然无线传感器网络把基站和传感器的节点集中控制了起来，但是各个传感器节点之间的控制方式还是分散式的，路由和主机的功能由网络的终端实现，各个主机独立运行，互不干涉，因此无线传感器网络的强度很高，很难被破坏。

④安全性不高。无线传感器网络采用无线方式传递信息，因此传感器节点在传递信息的过程中很容易被外界入侵，从而导致信息的泄露和无线传感器网络的损坏，大部分无线传感器网络的节点都是暴露在外的，这大大降低了无线传感器网络的安全性。

（二）网络层

网络层位于物联网三层结构中的第二层，其功能为"传送"，即通过通信网络进行信息传输。网络层作为纽带连接着感知层和应用层，它由各种私有网络、互联网、有线和无线通信网等组成，相当于人的神经中枢系统，在物联网中占据重要地位。

1. 网络层功能

在物联网的三层体系架构中，网络层主要实现信息的传送和通信，又包括接入层和核心层。网络层可依托公众电信网和互联网，也可以依托行业专业通信网络，还可同时依托公众网和专用网。同时，网络层承担着可靠传输的功能，即通过各种通信网络与互联网的融合，将感知的各方面信息，随时随地进行可靠交互和共享，并对应用和感知设备进行管理和鉴权。由此可见网络层在物联网中重要的地位。网络层主要包括接入网络、传输网、核心网、业务网、网管系统和业务支撑系统。随着物联网技术和标准的不断进步和完善，物联网的应用会越来越广泛，政府部门、电力、环境、物流等关系到人们生活方方面面的应用都会加入物联网中，到时，会有海量数据通过网络层传输到计算中心，因此，物联网的网络层必须要有大的吞吐量以及较高的安全性。

2. 网络层技术

网络层又称为传输层，包括接入层、汇聚层和核心交换层。

（1）接入层。接入层相当于计算机网络的物理层和数据链路层，射频识别标签、传感器与接入层设备构成了物联网感知网络的基本单元。接入层网络技术分为无线接入和有线接入：无线接入有无线局域网、移动通信及 M2M 通信；有线接入有现场总线、电力线接入、电视电缆和电话线。

（2）汇聚层。汇聚层位于接入层和核心交换层之间，进行数据分组汇聚、转发和交换；进行本地路由、过滤、流量均衡等。汇聚层技术也分为无线接入和有线接入：无线接入包括无线局域网、无线城域网、移动通信、M2M 通信和专用无线通信等；有线接入包括局域网、现场总线等。

（3）核心交换层。核心交换层为物联网提供高速、安全和具有服务质量保障能力的数据传输。可以为 IP 网、非 IP 网、虚拟专网或者它们之间的组合。

（三）应用层

应用层位于物联网三层结构中的最顶层，其功能为"处理"，即通过云计算平台进行信息处理。应用层与最低端的感知层一起，是物联网的显著特征和核心所在，应用层可以对感知层采集的数据进行计算、处理和知识挖掘，从而实现对物理世界的实时控制、精确管理和科学决策。

1. 应用层功能

物联网应用层的核心功能围绕两个方面：一是"数据"，应用层需要完成数据的管理和数据的处理；二是"应用"，仅仅管理和处理数据还远远不够，必须将这些数据与各行业应用相结合。例如：在智能电网中的远程电力抄表应用：安置于用户家中的读表器就是感知层中的传感器，这些传感器在收集到用户用电的信息后，通过网络发送并汇总到发电厂的处理器上。该处理器及其对应工作就属于应用层，它将完成对用户用电信息的分析，并自动采取相关措施。

2. 应用层技术

（1）中间件技术。软件是物联网的灵魂，而中间件则是软件的核心。中间件是一类连接软件组件和应用的计算机软件，它包括一组服务，以便于运行在一台或多台机器上的多个软件通过网络进行交互。中间件在操作系统、网络和数据库之上，应用软件的下层、总的作用是为处于自己上层的应用软件提供运行与开发的环境，帮助用户灵活、高效地开发和集成复杂的应用软件。在众多关于中间件的定义中，比较普遍被接受的是互联网数据中心表述的：中间件是一种独立的系统软件或服务程序，分布式应用软件借助这种软件在不同的技术之间共享资源，中间件位于客户机服务器的操作系统之上，管理计算资源和网络通信。

（2）云计算。云计算是一种基于互联网的计算方式，物联网为了实现规模化和智能化的管理和应用，对数据信息的采集和智能处理提出了较高的要求。云计算的规模大、标准化、较高的安全性等优势能够满足物联网的发展需求。云计算通过利用其规模较大的计算集群和较高的传输能力，能有效地促进物联网基层传感数据的传输和计算。云计算的标准化技术接口能使物联网的应用更容易建设和推广。云计算技术的高可靠性和高扩展性为物联网提供了更为可靠的服务。

第二节　物联网感知层技术

一、自动识别技术

（一）自动识别的概念

自动识别是将定义的识别信息编码按特定的标准代码化，存储于相关的载体中，借助特殊的设备，实现定义编码信息的自动采集，输入信息处理系统来完成基于代码的识别。

自动识别技术是以计算机技术和通信技术为基础的一门综合性技术，是数据编码、数据采集、数据标识、数据管理、数据传输、数据分析的标准化方式。

（二）自动识别系统

自动识别系统是一个以信息处理为主的技术系统，它输入将被识别的信息，同时输出已识别的信息。自动识别系统的输入信息分为特定格式信息和图像图形格式信息两大类。

1. 特定格式信息识别系统

特定格式信息就是采用规定的表现形式来表示规定的信息。

条形码识别的过程：通过条码读取设备（如条码枪）获取信息，译码识别信息，得到已识别商品的信息。

2. 图像图形格式信息识别系统

图像图形格式信息则是指二维图像与一维波形等信息，如二维图像包括的文字、地图、照片、指纹、语音等，其识别技术目前仍然处于快速发展过程中，在通信、安全、娱乐等领域广泛应用。

图像图形识别流程为：通过数据采集获取被识别信息，先预处理，再进行特征提取与选择，最后进行分类决策，从而识别信息。

（二）主要自动识别技术

1. 条码技术

对条码最早的记载出现在 1949 年，最早生产的条码是 UPC 码（通用商品条码）。EAN 原为欧洲编码协会，后来成为国际物品编码委员会，改名为 GSI。20 世纪 90 年代出现了二维条形码。

（1）条码的概念。

条码是由一组规则排列的条、空以及对应的字符组成的标记。"条"指对光线反射率较低的部分，"空"指对光线反射率较高的部分，这些条和空组成的数据表达一定的信息，并能够用特定的设备识读，转换成与计算机兼容的二进制和十进制信息。

（2）条码的编码方法：条码编码方法有两种。

①宽度调节法。组成条码的条或空只由两种宽度的单元构成，尺寸较小的单元称为窄单元，尺寸较大的单元称为宽单元，通常宽单元是窄单元的 2~3 倍。窄单元表示数字"0"，宽单元表示数字"1"，不管它是条还是空。采用这种方式编码的条码有 25 码、39 码、93 码、库德巴码等。

②模块组配法。组成条码的每一个模块具有相同的宽度，一个条或一个空是由若干个模块构成的，每一个条的模块表示一个数字"1"，每一个空的模块表示一个数字"0"。第一个条是由三个模块组成的，表示"111"；第二个空是由两个模块组成的，表示"00"；而第一个空和第二个条则只有一个模块，分别表示"0"和"1"。采用这种方法编码的条码有商品条码、CODE-128 码等。需要注意的是：判断条码码制的一个基本方法是看组成条码的条空，若所有的条空都只有两种宽度，那无疑是采用宽度调节法的条码，若条空只有一种或具有两种以上宽窄不等的宽度，那么肯定是模块组配法的条码。

（3）条码识别系统。

条码识别系统是由光学阅读系统、放大电路、整形电路、译码电路和计算机系统等部分组成。通常条码的识别过程如下所述：当打开条码扫描器开关，条码扫描器光源发出的光照射到条码上时，反射光经凸透镜聚焦后，照射到光电转换器上。光电转换器接收到与空和条相对应的强弱不同的反射光信号，将光信号转换成相应的电信号输出到放大电路进行放大。

放大后的电信号仍然是一个模拟信号，为了避免条码中的疵点和污点产生错误条码信息，在放大电路后加一放大整形电路，把模拟信号转换成数字信号，以便计算机系统能够精确判断。

整形电路的脉冲数字信号经译码器译成数字、字符信息，它通过识别起始、终止字符来判断出条码符号的码制及扫描方向，通过测量脉冲数字电信号 1、0 的数目来判断条和空的数目，通过测量 1、0 信号持续的时间来判别条和空的宽度，这样便得到了被识读的条码的条和空的数目及相应的宽度和所用的码制；而根据码制所对应的编码规则，便可将条形符号转换成相应的数字、字符信息。通过接口电路，将所得的数字和字符信息送入计算机系统进行数据处理与管理，完成条码识读的全过程。

（4）各类条码阅读设备。

光笔：是最先出现的一种手持接触式条码阅读器，也是最为经济的一种条码阅读器。在使用时，将光笔接触到条码表面，光笔的镜头发出光点，当这个光点从左到右划过条码时，在"空"部分光线被反射，"条"的部分光线被吸收，使光笔内部产生一个变化的电压，这个电压通过放大、整形后适用于译码。

CCD 阅读器：也称电子耦合器件，比较适合近距离和接触阅读，它的价格没有激光阅读器贵，且内部没有移动部件。

激光扫描仪：是各种扫描器中价格相对较高的，但它所能提供的各项功能指标最高。激光扫描仪分为手持与固定两种形式。手持激光扫描仪连接方便简单、使用灵活；固定式激光扫描仪适用于阅读量较大、条码较小的场合，有效解放双手工作。

固定式扫描器：又称固体式扫描仪，应用在超市的收银台等。

数据采集器：是一种集掌上电脑和条形码扫描技术于一体的条形码数据采集设备，它具有体积小、质量轻、可移动使用、可编程定制业务流程等优点。数据采集器有线阵和面阵两种。线阵图像采集器可以识读一维条码符号和堆积式的条码符号。面阵图像采集器类似"数字摄像机"拍摄静止图像，它通过激光束对识读区域进行扫描，采集照亮区域的反射信号进行识别，其可以识读二维条码，也可在多个方向识读一维条码。

2. 生物特征识别技术

生物特征识别技术通过计算机与传感器等科技手段和生物统计学原理密切联系，利用人体所固有的生理特性和行为特征来进行个人身份的认证。

生理特征是与生俱来，多为先天性的；行为特征则是习惯使然，多为后天性的。将生理和行为特征统称为生物特征。常用的生理特征有脸相、指纹、虹膜等；常用的行为特征有步态、签名等。声纹兼具生理和行为的特点，且介于两者之间。

身份鉴别可利用的生物特征必须满足以下几个要求：

普遍性，即必须每个人都具备这种特征。

唯一性，即任何两个人的特点是不一样的。可测量性，即特征可测量。

稳定性，即特征在一段时间内不改变。

在应用过程中，还要考虑其他的实际因素，如：识别精度、识别速度、对人体无伤害、被识别者的接受性等。生物特征识别技术实现识别的过程：生物样本采集→采集信息预处理→特征抽取→特征匹配。下面将介绍几种热门的生物特征识别技术：

（1）指纹识别技术。指纹识别技术指通过取像设备读取指纹图像，之后用计算机识别软件分析指纹的全局特征和局部特征，特征点如崎、谷、终点、分叉点和分歧点等，从指纹中抽取特征值，可以非常可靠地确认一个人的身份。指纹识别的优点表现在：研究历史较长，技术相对成熟；指纹图像提取设备小巧；同类产品中，指纹识别的成本较低。其缺点表现在：指纹识别是物理接触式的，且具有侵犯性；指纹易磨损，手指太干或太湿都不易提取图像。

（2）虹膜识别技术。虹膜是指眼球中瞳孔和眼白之间充满了丰富纹理信息的环形区域，每个虹膜都包含一个独一无二的基于水晶体、细丝、斑点、凹点、皱纹和条纹等特征的结构。虹膜识别技术是利用虹膜这种终生不变性和差异性的特点来识别身份的。世界上目前还没有发现虹膜特征重复的案例，虹膜识别技术与相应的算法结合后，可以达到十分优异的准确度，即使全人类的虹膜信息都录入到一个数据库中，出现认假和拒假的可能性也相当小。和常用的指纹识别相比，虹膜识别技术操作更简便，检验的精确度也更高。现有的计算机和CCD摄像机即可满足其对硬件的需求，在可以预见的未来，安全控制、海关进出口检验、电子商务等多个领域的应用，必然会以虹膜识别技术为重。

（3）基因（DNA）识别技术。DNA（脱氧核糖核酸）存在于一切有核的动（植）物中，生物的全部遗传信息都贮存在DNA分子里。DNA识别技术是利用不同人体的细胞中具有不同的DNA分子结构。人体内的DNA在整个人类范围内具有唯一性和永久性。因此，除了对双胞胎个体的鉴别可能失去它应有的功能外，这种方法具有绝对的权威性和准确性。不像指纹必须从手指上提取，DNA模式在身体的每一个细胞和组织都一样，该方法的准确性优于其他任何生物特征识别方法，它广泛应用于识别罪犯，其主要问题是被识者的伦理问题和实际可接受性，另外DNA模式识别必须在实验室中进行，不能实现实时以及抗干扰，耗时长也是一个问题，这些都限制了DNA识别技术的使用。与此同时，某些特殊疾病可能改变人体 DNA 的结构，系统无法对这类人群进行识别。

（4）步态识别技术。步态是指人们行走时的方式，这是一种复杂的行为特征。步态识别主要提取的特征是人体每个关节的运动。尽管步态不是每个人都相同的，但是它也提供了充足的信息来识别人的身份。步态识别的输入是一段行走的视频图像序列，因此其数据采集与脸相识别类似，并具有非侵犯性和可接受性。然而因序列图像数据量较大，所以步态识别的计算复杂性比较高，处理起来也比较困难。尽管生物力学中对于步态进行了大量的研究工作，基于步态的身份鉴别的研究工作却是才刚刚开始。

（5）签名识别技术。签名作为身份认证的手段已经沿用了几百年，我们都很熟悉在银行的格式表单中签名作为我们身份的标志。将签名进行数字化的过程为：测量图像本身以及整个签名的动作在每个字以及字之间的不同速度、顺序和压力。签名识别易被大众接受，是一种公认的身份识别技术。但事实表明人们的签名在不同的时期和不同的精神状态下是不相同的，其降低了签名识别系统的可靠性。

（6）语音识别技术。让机器听懂人类的语音是人们长期以来梦寐以求的事情。伴随着计算机技术的发展，语音识别已成为信息产业领域的标志性技术，在人机交互应用中逐渐进入人们日常的生活，迅速发展成为改变未来人类生活方式的关键技术之一。语音识别技术以语音信号为研究对象，是语音信号处理的一个重要研究方向。其最终目标是实现人与机器进行自然语言通信。生物特征识别技术随着计算机技术、传感器技术的发展逐步成熟，在诸多领域会被更多地采用。

3. 图像识别技术

图像识别技术是利用计算机对图像进行处理、分析和理解，以识别各种不同模式的目标和对象的技术。随着计算机技术与信息技术的发展，图像识别技术获得了越来越广泛的应用。如医疗诊断中各种医学图片的分析与识别、天气预报中卫星云图识别、遥感图片识别、指纹识别、脸谱识别等，图像识别技术越来越多地渗透到人们的日常生活中。

4. 光学字符识别技术

光学字符识别（Optical Character Recognition，OCR），也可简单地称为文字识别，是文字自动输入的一种方法。OCR 识别技术可分为印刷体识别技术和手写体识别技术，而后者又分为联机手写识别和脱机手写识别技术。在智能手机和计算机上手写技术都得到了广泛应用，并受到用户的欢迎。印刷体识别通过扫描和摄像等光学输入方式获取纸张上的文字图像信息，利用各种模式识别算法分析文字形态特点，判断出汉字的标准编码，并按通用格式存储在文本文件中，从根本上改变了人们对计算机汉字人工编码录入的概念，使人们从繁重的键盘录入汉字的劳动中解脱出来。只要用扫描仪将整页文本图像输入到计算机，则能通过 OCR 软件自动产生汉字文本文件，速度比手工录入快了几十倍。

（四）自动识别技术的发展

自动识别技术随着计算机技术、传感器技术、通信技术和物联网技术的发展日新月异，它已成为集计算机、传感器、机电和通信技术为一体的高新技术学科。自动识别技术可以帮助人们快速、准确地进行数据的自动采集和输入，解决计算机应用中的数据输入速度慢、出错率高等问题。目前在商业、工业、交通运输业、邮电通信业、物流、仓储、医疗卫生、安全检查、餐饮、旅游、票证管理以及军事装备管理等国民经济各行各业和人们的日常生活中得到广泛应用。

自动识别技术在 20 世纪 70 年代初步形成规模，在近 50 年的社会发展中，逐步形成了一门包括条码技术、磁卡（条）技术、智能卡技术、射频技术、光学字符识别、生物识别和系统集成在内的高技术学科。其中应用最早、发展最快的条码识别技术已得到广泛的应用。射频识别技术、生物特征识别技术的发展和应用带来了物联网技术革命。

二、射频识别技术

（一）射频识别技术概述

1. 射频识别技术的概念

射频识别技术是一种非接触式的自动识别技术，它利用射频信号通过空间耦合实现非接触信息传递并通过所传递的信息实现识别的目的。识别过程无须人工干预，可工作于各种恶劣环境，可识别高速运动物体并可同时识别多个标签，且操作迅捷方便。

2. 射频识别技术的特点

射频识别技术具有体积小、信息量大、寿命长、可读写、保密性好、抗恶劣环境、不受方向和位置影响、识读速度快、识读距离远、可识别高速运动物体和可重复使用等特点，支持快速读写、非可视识别、多目标识别、定位及长期跟踪管理。射频识别技术与网络定位和通信技术相结合，即可实现全球范围内物资的实时管理、跟踪与信息共享。如现在发快递的时候就可以在网络上输入快递单号，查看快递位置。

3. 射频识别技术的应用现状

射频识别技术应用于物流、制造、消费、贸易和公共信息服务等行业，大幅提高信息获取与系统效率，降低成本，从而提高应用行业的管理能力和运作效率，降低环节成本，拓展市场覆盖和盈利水平。同时，射频识别本身也将成为一个新兴的高技术产业群，成为物联网产业的支柱性产业。射频识别应用系统正在由单一识别向多功能方向发展，国家正在推行射频识别示范性工程，推动射频识别实现跨地区（如农产品溯源）、跨行业（如汽车生产行业、物流、消费行业）应用。研究射频识别技术、应用射频识别开发项目、发展射频识别产业，对提升国家信息化整体水平、促进物联网产业高速发展、提高人民生活质量和增强公共安全等具有深远意义。

（二）射频识别系统的构成

1. 射频识别系统的定义

采用射频标签作为识别标志的应用系统称为射频识别系统。

2. 射频识别系统的构成

基本的射频识别系统通常由射频标签、读写器和计算机通信网络三部分组成。

（1）电子标签（Tag，或称射频标签、应答器）

电子标签由芯片及内置天线组成。芯片内保存有一定格式的电子数据，作为待识别物品的标识性信息，是射频识别系统真正的数据载体。内置天线用于和射频天线间进行通信。

（2）读写器。读写器是读取或写入电子标签信息的设备，主要任务是控制射频模块向标签发射读取信号，并接收标签的应答，对标签的对象标识信息进行解码，将对象标识信息连带标签上其他相关信息传输到主机以供处置。

（3）天线。天线是标签与阅读器之间传输数据的发射 / 接收装置。

（三）射频识别标签

射频识别标签是安装在被识别的对象上，存储被识别对象相关信息的电子装置，常称为电子标签。其是射频识别系统的数据载体，是射频识别系统的核心。值得关注的是像公交卡、银行卡和二代身份证等都属于射频识别标签。

（四）射频读写器

射频读写器根据具体实现功能的特点有其他较为流行的别称：单纯读取标签信息的设备有阅读器、读出装置和扫描器等。单纯向标签内存写入信息的设备有编程器、写入器等。综合具有读取与写入标签内存信息的设备有读写器、通信器等。

（五）通信协议

与通信协议相关的问题包括：时序系统问题、数据帧问题、数据编码问题、数据的完整性问题、多标签读写防冲突问题、干扰与抗干扰问题、识读率与误码率的问题、数据的加密与安全性问题和读写器与应用系统之间的接口问题等。

三、物联网的定位技术

随着物联网时代的到来，越来越多的应用都需要自动定位服务。下面介绍几种常见的定位方式，如 GPS 定位、蜂窝基站定位、无线室内环境定位以及新兴的定位方式。

（一）GPS 定位

卫星导航系统是重要的空间基础设施，其为人类带来了巨大的社会经济效益。我国的北斗卫星导航系统空间段由 5 颗静止轨道卫星和 30 颗非静止轨道卫星组成，提供两种服务方式，即开放服务和授权服务（属于第二代系统）。开放服务是在服务区免费提供定位、测速和授时服务。授权服务是向授权用户提供更安全的定位、测速、授时和通信服务以及系统完整性信息。

（二）蜂窝基站定位

蜂窝基站定位主要应用于移动通信中广泛应用的蜂窝网络，在通信网络中，通信区域被划分为一个个蜂窝小区，通常每个小区有一个对应的基站。以 GSM 网络为例，当移动设备要进行通信时，先连接在蜂窝小区的基站，之后通过该基站接 GSM 网络进行通信。也就是说，在进行移动通信时，移动设备始终是和一个蜂窝基站联系起来，蜂窝基站定位就是利用这些基站来定位移动设备。

（三）无线室内环境定位

在无线通信领域，室内和室外的环境可以说是天壤之别。定位也一样，在室外露天环境，只需要用 GPS 就可以得到很高的定位精度，基站定位的精度也不错。但是在室内环境中，GPS 由于受到屏蔽，很难运用，而基站定位的信号受到多径效应（波的反射和叠加原理）的影响，定位效果也会大打折扣。

如今大多数室内定位系统都是基于信号强度，其优点在于不需要专门的定位设备，可以就地取材，利用已有的铺设好的网络如蓝牙网络、Wi-Fi 网络、ZigBee 传感网络等来进行定位，非常经济实惠。目前室内环境进行短波定位的方法主要有红外线定位、超声波定位、蓝牙定位、射频识别定位，超宽带定位、ZigBee 定位等。下面仅就 ZigBee 定位作详细叙述。

ZigBee 是一种短距离、低功耗的无线通信技术。ZigBee 在我国被译为"紫蜂"，它与蓝牙相类似，是一种新兴的短距离无线通信技术。

（四）新型定位技术

除上述几种定位系统外，近来随着技术的发展，又诞生了很多新的定位系统。其中具有代表性的两个系统：A-GPS 定位和无线 AP 定位。

（五）物联网的定位技术

值得关注的是，要对物联网中的一个物体做出准确定位，关键有两点：一是要知道一个或多个已知坐标的参考点；二是必须得到待定位物体与已知参考点的空间关系。除了距离这一空间关系，角度、区域也可以作为定位的参考，在网络中，节点之间的跳数也可以作为参考。

第三章

物联网关键技术

第一节 自动识别技术

自动识别技术就是应用一定的识别装置，通过被识别物品和识别装置之间的接近活动，自动地获取被识别物品的相关信息，并提供给后台的计算机处理系统来完成相关后续处理的一种技术。比如：商场的条码扫描系统就是一种典型的自动识别技术。售货员通过扫描仪扫描商品的条码，获取商品的名称、价格，输入数量、后台 POS（销售终端）系统即可计算出该批商品的价格，从而完成顾客的结算。当然，顾客也可以采用银行卡支付的形式进行支付，银行卡支付过程本身也是自动识别技术的一种应用形式。

自动识别技术是以计算机技术和通信技术的发展为基础的综合性科学技术、它是信息数据自动识读、自动输入计算机的重要方法和手段，归根结底，自动识别技术是一种高度自动化的信息或者数据采集技术。

自动识别技术主要包括针对物（无生命）的识别和针对人（有生命）的识别两类。针对物的识别技术包括条码技术、智能卡技术、射频识别技术等；针对人的识别技术包括声音识别技术、人脸识别技术、指纹识别技术等。

一、"无生命"识别技术

（一）条码识别技术

1. 一维条码技术

一维条码技术是一种最传统的自动识别技术。自 20 世纪 70 年代条码技术产生后发展至今，该技术逐渐成为一种重要的信息标识和信息采集技术在世界范围内被推广应用。随着条码技术应用领域的拓展，条码技术迎来了一个强劲的集成创新发展期，是商业贸易、物流、产品追溯、电子商务等领域的主导信息技术。

2. 二维条码技术

二维条码技术，即基于一维条码技术经过研究逐步兴起的一种自动识别技术。这项技术在信息容量、信息密度、中英文字符显示以及纠错等方面的功能要优于一维条码技术。

（二）智能卡技术

智能卡技术主要是利用智能卡来进行自动标识，而智能卡实质上可以认为是"集成电路卡"。其最大特点是具有独立的运算和存储功能，所以智能卡更容易与计算机系统结合，在信息的采集、管理、传输、加密等方面更为方便。独有的功能特点使智能卡技术被广泛应用于物流、金融等领域，例如：在智能货运车辆识别、物品身份追踪与验证等方面有广泛的应用。

（三）射频识别技术

射频识别技术是一种非接触式的自动符号识别技术。通过无线电信号识别特定目标并读写相关数据，而无须识别系统与特定目标之间建立机械或光学接触。从概念上来讲，射频识别类似于条码扫描，对于条码技术而言，它是将已编码的条码附着于目标物，并使用专用的扫描读写器，利用光信号将信息由条形磁传送到扫描读写器；而射频识别则使用专用的射频识别读写器及专门的可附着于目标物的射频识别标签，利用频率信号将信息由射频识别标签传送至射频识别读写器。

二、"有生命"识别技术

（一）声音识别

声音识别，是一种非接触的识别技术，用户可以很自然地接受。这种技术可以用声音指令实现"不用手"的数据采集，其最大特点就是不用手和眼睛，这对那些采集数据同时还要完成手脚并用的工作场合尤为适用。目前，由于声音识别技术的迅速发展以及高效可靠的应用软件的开发，使声音识别系统在很多方面得到了应用。

（二）人脸识别

人脸识别，特指利用分析比较人脸视觉特征信息进行身份鉴别的计算机技术。人脸识别是一项热门的计算机技术研究领域，人脸追踪侦测，自动调整影像放大；夜间红外侦测，自动调整曝光强度。它属于生物特征识别技术，是对生物体（一般特指人）本身的生物特征来区分生物体个体。

（三）指纹识别

指纹识别，是指人的手指末端正面皮肤凹凸不平产生的纹线。纹线有规律地排列形成不同的纹型。纹线的起点、终点、结合点和分叉点，称为指纹的细节特征点。由于指纹具有终身不变性、唯一性和方便性，已经成为生物特征识别的代名词。指纹识别，即指通过比较不同指纹的细节特征点来进行自动识别。由于每个人的指纹不同，就是同一人的十指之间，指纹也有明显区别，因此指纹可用于身份的自动识别。

一般来讲，在一个信息系统中，数据的自动采集（识别）完成了系统的原始数据的采集工作，解决了人工数据输入的速度慢、误码率高、劳动强度大、工作简单重复性高等问题，为计算机信息处理提供了快速、准确地进行数据采集输入的有效手段，因此，自动识别技术作为一种革命性的高新技术，正迅速为人们所接受。自动识别系统通过中间件或者接口（包括软件的和硬件的）将数据传输给后台计算机处理，由计算机对所采集到的数据进行处理或者加工，最终形成对人们有用的信息。

完整的自动识别计算机管理系统包括自动识别系统、应用程序接口或者中间件和应用系统软件。

也就是说，自动识别系统完成数据的采集和存储工作，应用系统软件对自动识别系统所采集的数据进行应用处理，而应用程序接口软件则提供自动识别系统和应用系统软件之间的通信接口，将自动识别系统采集的数据信息转换成应用软件系统可以识别和利用的信息并进行数据传递。

第二节　空间信息技术

空间信息技术是 20 世纪 60 年代兴起的一门新技术、70 年代中期以后在我国得到迅速发展，主要包括 3S 等的理论与技术，同时结合计算机技术和通信技术、进行空间数据的采集、测量、分析、存储、管理、显示、传播和应用等。空间信息技术在广义上也被称为"地球空间信息科学"。

3S 是遥感、地理信息系统和全球定位系统的简称。

空间信息技术为多个学科和行业的发展提供了强力支持，在物流领域的应用也非常广泛。GPS 可以获取运输车辆的位置信息，结合 GIS 技术可以实现运输车辆和货物的追踪管理。同时，GIS 可以为物流规划提供全面、准确的基础数据，分析预测货物流量、流向及其变化，减少物流规划中的盲目性等。未来，空间信息技术将会在物流领域发挥更多的作用，为物流系统营运或物流企业的方案决策提供科学的决策依据，为决策的可视化、促进物流相关部门管理的科学化、信息化进程做出贡献。

第三节　传感器技术

一、传感器概述

在物联网中传感器主要负责接收物品"讲话"的内容。传感器技术是从自然信源获取信息并对获取的信息进行处理、变换、识别的一门多学科交叉的现代科学与工程技术、它涉及传感器、信息处理和识别的规划设计、开发、制造、测试、应用及评价改进活动等内容。

物联网终端就是由各种传感器组成的，用来感知环境中的可用信号。传感器是一种检测装置，能感受到被测量的信息，并能将检测感受到的信息，按一定规律变换成为电信号或其他所需形式的信息输出，以满足信息的传输、处理、存储、显示、记录和控制等要求。它是实现自动检测和自动控制的首要环节。随着社会的不断进步，在我们生活的周围，各种各样的传感器已经得到普遍的使用，如电冰箱、微波炉、空调机有温度传感器；电视机有红外传感器；录像机有湿度传感器、光电传感器；汽车有速度、压力、湿度、流量、氧气等多种传感器。这些传感器的共同特点是利用各种物理、化学、生物效应等实现对被检测量的测量。

在物联网系统中，传感器就是对各种参量进行信息采集和简单加工处理的设备。传感器可以独立存在，也可以与其他设备以一体方式呈现，但无论哪种方式，它都是物联网中的感知和输入部分。

在物联网中，传感器用来进行各种数据信息的采集和简单的加工处理，并通过固有协议，将数据信息传送给物联网终端处理。如通过射频识别进行标签号码的读取，通过GPS得到物体位置信息，通过图像感知器得到图片或图像，通过环境传感器取得环境温湿度等参数。传感器属于物联网中的传感网络层，处于研究对象与检测系统的接口位置，是感知、获取与检测信息的窗口，它提供物联网系统赖以进行决策和处理所必需的原始数据，作为物联网的最基本一层，具有十分重要的作用，好比人的眼睛和耳朵，去看、去听世界上需要被监测的信息。因此，传感网络层中传感器的精度是应用中重点考虑的一个实际参数。

传感器的种类繁多，往往同一种被测量可以用不同类型的传感器来测量，而同一原理的传感器又可测量多种物理量，因此传感器有许多种分类方法。

二、传感器的分类与特点

（一）传感器的分类

1. 按被测量分类

被测量的类型主要有：

（1）机械量，如位移、力、速度、加速度等。

（2）热工量，如温度、热量、流量（速）、压力（差）、液位等。

（3）物性参量，如浓度、黏度、比重、酸碱度等。

（4）状态参量，如裂纹、缺陷、泄露、磨损等。

2. 按测量原理分类

按传感器的工作原理可分为电阻式、电感式、电容式、压电式、光电式、磁电式、光纤、激光、超声波等传感器。现有传感器的测量原理都是基于物理、化学和生物等各种效应和定律，这种分类方法便于从原理上认识输入与输出之间的变换关系，有利于专业人员从原理、设计及应用上作归纳性的分析与研究。

3. 按作用形式分类

按作用形式可分为主动型和被动型传感器。主动型传感器又有作用型和反作用型，此种传感器对被测对象能发出一定探测信号，能检测探测信号在被测对象中所产生的变化，或者由探测信号在被测对象中产生某种效应而形成信号。检测探测信号变化方式的称为作用型，检测产生响应而形成信号方式的称为反作用型。雷达与无线电频率范围探测器是作用型实例，而光声效应分析装置与激光分析器是反作用型实例。被动型传感器只是接收被测对象本身产生的信号，如红外辐射温度计、红外摄像装置等。

4. 按输出信号为标准分类

（1）模拟传感器：将被测量的非电学量转换成模拟电信号。

（2）数字传感器：将被测量的非电学量转换成数字输出信号（包括直接和间接转换）。

（3）数字传感器：将被测量的信号量转换成频率信号或短周期信号的输出（包括直接或间接转换）。

（4）开关传感器：当一个被测量的信号达到某个特定的阈值时，传感器相应地输出一个设定的低电平或高电平信号。

（二）传感器的特点

传感器是实现自动检测和自动控制的首要环节，其特点表现为微型化、数字化、智能化、多功能化、系统化及无线网络化。

1. 微型化

微型化是建立在微机电系统技术基础上的，传感器主要由硅材料构成，具有体积小、质量小、反应快、灵敏度高以及成本低等优点。

2. 数字化

数字化就是将许多复杂多变的信息转变为可以度量的数字、数据，再以这些数字、数据建立起适当的数字化模型，把它们转变为系列进制代码，引入计算机内部，进行统一处理。

3. 智能化

智能化是通过模拟人的感官和大脑的协调动作，结合长期以来测试技术的研究和实际经验而提出来的。这是一个相对独立的智能单元，它的出现对原来硬件性能的苛刻要求有所减轻，而靠软件帮助可以使传感器的性能大幅度提高。

4. 多功能化

多功能化无疑是当前传感器技术发展中一个全新的研究方向，目前，有许多学者正在积极从事于该领域的研究工作。

5. 系统化

系统化促进了传统产业的改造和更新换代，而且还可能建立新型工业，从而成为21

世纪新的经济增长点。

6. 无线网络化

无线网络对人们来说并不陌生，比如手机、无线上网等。无线传感器网络的主要组成部分就是一个个小巧的传感器节点。

当前技术水平下的传感器系统正向着微型化、智能化、多功能化和网络化的方向发展。今后，随着 CAD 技术、MEMS 技术、信息理论及数据分析算法的发展，传感器系统必将变得更加微型化、综合化、多功能化、智能化和系统化。在各种新兴科学技术呈辐射状广泛渗透的当今社会，作为现代科学"耳目"的传感器系统，已成为人们快速获取、分析和利用有效信息的基础，必将进一步得到社会各界的普遍关注。

三、常见传感器及其应用

（一）温度传感器

温度传感器是指能感受温度并转换成可用输出信号的传感器。温度传感器是温度测量仪表的核心部分，品种繁多。按测量方式可分为接触式和非接触式两大类，按照传感器材料及电子元件特性分为热电阻和热电偶两类。

（二）称重传感器

称重传感器实际上是一种将质量信号转变为可测量的电信号输出的装置。选用传感器应先要考虑传感器所处的实际工作环境，这点对正确选用称重传感器至关重要，它关系到传感器能否正常工作以及它的安全和使用寿命，乃至整个传感器的可靠性和安全性。称重传感器主要有 S 型、悬臂型、轮辐式、板环式、膜盒式、桥式、柱筒式等几种样式。

（三）拉力传感器

拉力传感器又称电阻应变式传感器，隶属于称重传感器系列，它是一种将物理信号转变为可测量的电信号输出的装置，它使用两个拉力传递部分传力，在其结构中含有力敏器件和两个拉力传递部分，在力敏器件中含有压电片、压电片垫片，后者含有基板部分和边缘传力部分。

（四）压力传感器

压力传感器是将压力转换为电信号输出的传感器。通常把压力测量仪表中的电测试仪表称为压力传感器。压力传感器一般由弹性敏感元件和位移敏感元件（或应变计）组成。弹性敏感元件的作用是使被测压力作用于某个面积上并转换为位移或应变，然后由位移敏感元件或应变计转换为与压力形成一定关系的电信号。有时把这两种元件的功能集于一体。压力传感器广泛应用于各种工业自控环境，涉及水利水电、铁路交通、智能建筑、生产自控、航空航天、军工、石化、油井、电力、船舶、机床、管道等众多行业。

第四节　无线通信网络技术

物联网中物品要与人无障碍地交流，必然离不开高速、可进行大批量数据传输的无线网络。物联网的通信与组网技术主要完成感知信息的可靠传输。无线网络既包括允许用户建立远距离无线连接的全球语音和数据网络，也包括近距离的蓝牙技术、超宽带技术、Wi-Fi 技术和 ZigBee 技术等。由于物联网连接的物体多种多样，物联网涉及的网络技术也有多种，如可以是有线网络、无线网络；可以是短距离网络和长距离网络；可以是企业专用网络、公用网络；还可以是局域网、互联网等。

一、蓝牙技术

（一）蓝牙的概念

蓝牙是一种低成本、低功率、近距离无线连接技术标准，是实现数据与话音无线传输的开放性规范。所谓蓝牙技术，其实质内容是建立通用的无线电空中接口，使计算机和通信进一步结合，让不同厂家生产的便携式设备在没有电线或电缆相互连接的情况下，能在近距离范围内具有相互操作的一种技术。目前，蓝牙技术由于采用了向产业界无偿转让该项专利的策略，在无线办公、汽车工业等设备上都可见其身影，应用极为广泛。

利用蓝牙技术，能够有效地简化掌上电脑、笔记本电脑和移动电话手机等移动通信终端设备之间的通信，也能够成功地简化以上这些设备与互联网之间的通信，从而使这些现代通信设备与互联网之间的数据传输变得更加迅速高效，为无线通信拓宽道路。蓝牙技术使得现代一些可携带的移动通信设备和电脑设备不必借助电缆就能联网，并且能够实现无线上网，其实际应用范围还可以拓展到各种家电产品、消费电子产品和汽车等信息家电，组成一个巨大的无线通信网络。

（二）蓝牙技术的特点

蓝牙是一种短距离无线通信的技术规范，它最初的目标是取代掌上电脑、移动电话等各种数字设备上的有线电缆连接。从目前的应用来看，由于蓝牙体积小、功率低，其应用已不局限于计算机外设，几乎可以被集成到任何数字设备之中，特别是那些对数据传输速率要求不高的移动设备和便携式设备。

（三）蓝牙技术的应用

蓝牙技术的应用非常广泛而且极具潜力。它可以应用于无线设备（如智能手机、智能电话、无绳电话、笔记本电脑）、图像处理设备（照相机、打印机、扫描仪）、安全产品（智能卡、身份识别、票据管理、安全检查）、消费娱乐（耳机、MP3、游戏）、汽车产品（GPS、ABS、动力系统、安全气袋、车载电话）、家用电器（电视机、电冰箱、电烤箱、微波炉、音响、录像机）、建筑、玩具等领域。

1. 在无线设备上的应用

蓝牙最普及的应用是替代计算机与打印机、鼠标、键盘、扫描仪、投影设备等外设的连接电缆，以及使无线设备（如PDA、智能手机、笔记本电脑等）实现无线互联互通。

如在家中拥有数台电脑后，蓝牙的存在使得用户可以只使用一部手机对任意一台电脑进行操控，或进行文件传输、局域网访问等。并且，耳机音响等外围设备可由蓝牙操控，避免了有线连接带来的麻烦。内置蓝牙芯片的手机，可以在家中当做无绳电话使用，同时，它又可以被拥有蓝牙的计算机控制。这样，家庭中的各种家电被蓝牙连成一个无线的网络，使用某一个蓝牙终端，比如手机，便可以对整个网络进行控制。

2. 在医疗方面的应用

蓝牙设备可以嵌入在现代医疗设备中，取代原有的有线连接方式，使得各医疗设备之间互联，提高了医疗设备使用的灵活性，为病人的检查、护士的监护提供便利性，医生还可以使有些检查和治疗进行无线遥控，动态获取病人的生理数据，为治疗提供依据。

如在病房监护中，由各类便携式小型探测器采集的原始数据，通过蓝牙技术传递到病房探测器，房间探测器采用通信总线与计算机系统相联，由计算机分时采集各房间及床位参数，以帮助护理人员做好病人护理工作。

此外，护理人员还可以为重症病人随身佩戴能连续记录相关生理参数的便携式记录盒，动态监测病人的生理数据，为病人的生理护理提供依据。常见的动态监测方法有动态心电监护、动态血压监护、脑电动态监护和消化道生理参数的动态监护等。

3. 在电子钱包和电子锁中的应用

蓝牙构成的无线电子锁比其他非接触式电子锁或 IC 锁具有更高的安全性和适用性，各种无线电遥控器（特别是汽车防盗和遥控）比红外线遥控器的功能更强大，在餐馆酒楼用餐时，菜单的双向无线传输或招呼服务员提供指定的服务将更为方便。

在超市购物时，走向收银台，蓝牙电子钱包会发出一个信号，证明信用卡或现金卡上有足够的余额。因此，不必掏出钱包便可自动为所购物品付款。然后收银台会向电子钱包发回一个信号，更新现金卡余额。利用这种无线电子钱包，可轻松地接入航空公司、饭店、剧场、零售商店和餐馆的网络，自动办理入住、点菜、购物和电子付账。

4. 在传统家电中的应用

将蓝牙系统嵌入微波炉、洗衣机、电冰箱、空调等传统家用电器，使之智能化并具有网络信息终端的功能，能够主动发布、获取和处理新信息，赋予传统电器以新的内涵。

网络微波炉应该能够存储许多微波炉菜谱，同时还应该能够通过生产厂家的网络或烹调服务中心自动下载新菜谱；网络冰箱能够知道自己存储的食品种类、数量和存储日期，可以提醒存储到期和发出存量不足的警告，甚至自动从网络订购；网络洗衣机可以从网络上获得新的洗衣程序。

带蓝牙的信息家用电器还能主动向网络提供本身的一些有用信息，如向生产厂家提供有关故障并要求维修的反馈信息等。蓝牙信息家用电器是网络上的家用电器，不再是计算机的外设，它也可以各自为战，提示主人如何操作。我们可以设想把所有的蓝牙信息家用电器通过一个遥控器来进行控制，这个遥控器不但可以控制电视、计算机、空调，同时还可以用作无绳电话或者移动电话，甚至可以在蓝牙信息家用电器之间共享有用的信息，比如把电视节目或者电话语音录制下来存储到电脑中。

5. 在车载电话中的应用

蓝牙车载电话是专为行车安全和舒适性而设计，乘车者只需要拥有一部带有蓝牙功能的手机，便可与车载蓝牙连接，从而通过车载蓝牙来接打电话。

蓝牙车载电话的主要功能为：自动辨识移动电话，不需要电缆或电话托架便可与手机联机；使用者不需要触碰手机（双手保持在方向盘上）便可控制手机，用语音指令控制接听或拨打电话。使用者可以通过车上的音响或蓝牙无线耳麦进行通话。若选择通过车上的音响进行通话，当有来电或拨打电话时，车上音响会自动静音，通过音响的扬声器／麦克风进行话音传输。若选择蓝牙无线耳麦进行通话，只要耳麦处于开机状态，当有来电时按下接听按钮就可以实现通话。

蓝牙车载免提系统可以保证良好的通话效果，并支持任何厂家生产的内置蓝牙模块和蓝牙免提的手机。

二、ZigBee 技术

（一）技术概况

ZigBee 技术是一种近距离、低复杂度、低功耗、低速率、低成本的双向无线通信技术。主要用于距离短、功耗低且传输速率不高的各种电子设备之间进行数据传输以及典型的有周期性数据、间歇性数据和低反应时间数据传输的应用。

简单地说、ZigBee 是一种高可靠的无线数传网络、类似于 CDMA 和 GSM 网络。ZigBee 数传模块类似于移动网络基站。通信距离支持无限扩展。

（二）产品应用

1. 应用特性

ZigBee 技术适合于承载数据流量相对较小的业务。例如：控制或是事件的数据传递都是适合应用 ZigBee 的场合。主要应用领域包括工业、家庭自动化、遥测遥控，例如：灯光自动化控制、传感器的无线数据采集和监控，以及油田、电力、矿山和物流管理等应用领域。ZigBee 的主要优势在于该类产品可以联网，同时还具有可互操作性、高可靠及高安全等特性。

实际应用举例如下：照明控制、环境控制、自动读表系统、各类窗帘控制、烟雾传感器、医疗监控系统、大型空调系统、内置家居控制的机顶盒及万能遥控器、暖气控制、家庭安防、工业和楼宇自动化。另外，它还可以对局部区域内移动目标例如城市中的车辆进行定位。

2. 适用环境

通常，符合如下条件之一的短距离通信就可以考虑应用 ZigBee：

（1）需要数据采集或监控的网点多。

（2）要求传输的数据量不大，而要求设备成本低。

（3）要求数据传输可靠性高，安全性高。

（4）要求设备体积很小，不便放置较大的充电电池或者电源模块。

（5）可以用电池供电。

（6）地形复杂、监测点多，需要较大的网络覆盖。

（7）对于现有的移动网络的盲区进行覆盖。

（8）已经使用了现存移动网络进行低数据量传输的遥测遥控系统。

3. 典型应用

（1）在工业领域。利用传感器和 ZigBee 网络，使得数据的自动采集、分析和处理变得更加容易，可以作为决策辅助系统的重要组成部分。例如：危险化学成分的检测、火警的早期检测和预报、高速旋转机器的检测和维护。这些应用不需要很高的数据吞吐量和连续的状态更新，重点在低功耗，从而最大限度地延长电池的寿命，减少 ZigBee 网络的维护成本。

（2）在农业领域。传统农业主要使用孤立的、没有通信能力的机械设备，主要依靠人力监测作物的生长状况。采用了传感器和 ZigBee 网络后，农业将可以逐渐地转向以信息和软件为中心的生产模式，使用更多的自动化、网络化、智能化和远程控制的设备来耕种。传感器可能收集包括土壤湿度、氮浓度、pH 值、降水量、温度、空气湿度和气压等信息。这些信息和采集信息的地理位置经由 ZigBee 网络传递到中央控制设备供农民决策和参考，这样农民能够及早而准确地发现问题，从而有助于保持并提高农作物的产量。

（3）在家庭和楼宇自动化领域。家庭自动化系统作为电子技术的集成得到迅速扩展。易于进入、简单明了、廉价的安装成本等成了驱动自动化家居与建筑开发和应用无线技术的主要动因。未来的家庭将会有支持 ZigBee 的芯片安装在电灯开关、烟火检测器、抄表系统、无线报警、安保系统、空调供暖、厨房器械中，为实现远程控制服务。例如：酒店里到处都有 HVAC 设备，如果在每台空调设备上都加上一个 ZigBee 节点，就能对这些空调系统进行实时控制，所节省的能源成本可迅速抵消安装 ZigBee 的投资成本。同时，ZigBee 网络还可在烟雾探测器和其他系统间进行信号路由。因此，发生火灾时，某一个烟雾传感器的报警会触发整个楼宇内其他烟雾传感器的报警，同时自动开启洒水系统和应急灯，大厦管理人员还能迅速知晓火灾源头。

（4）在医学领域。借助于各种传感器和 ZigBee 网络，准确而且实时地监测病人的血压、体温和心跳速度等信息，从而减少医生查房的工作负担，有助于医生作出快速的反应，特别是对重病和病危患者的监护和治疗。

（5）在道路指示、方便安全行路方面。如果沿着街道、高速公路及其他地方分布式地装有大量路标或其他简单装置，你就不再担心会迷路。安装在你汽车里的装置会告诉你，你现在所处的位置。虽然从 GPS 也能获得类似服务，但是这种新的分布式系统会向你提供更精确、更具体的信息。即使在 GPS 覆盖不到的楼内或隧道内，你仍能继续使用此系统。事实上，你从这个新系统能够得到比 GPS 多得多的信息，如限速、前面那条街是单行线还是双行线、前面每条街的交通情况或事故信息等。使用这种系统，还可以跟踪公共交通情况，你可以适时地赶上下一班车，而不至于在寒风中或烈日下在车站等上数十分钟。基于这样的新系统还可以开发出许多其他功能，例如：在不同街道根据不同交通流量动态调节红绿灯、追踪超速的汽车或被盗的汽车等。当然，应用这一系统的关键问题在于成本、功耗和安全性等方面。

三、Wi-Fi 技术

（一）技术概况

Wi-Fi 是一种可以将个人电脑、手持设备（如掌上电脑、手机）等终端以无线方式互相连接的技术。Wi-Fi 网络是由 AP 和无线网卡组成的无线网络。AP 一般称为网络桥接器或接入点，它是传统的有线局域网络与无线局域网络之间的桥梁，因此任何一台装有无线网卡的 PC（个人电脑）均可透过 AP 去分享有线局域网络甚至广域网络的资源，其工作原理相当于一个内置无线发射器的 HUB 或者是路由，而无线网卡则是负责接收由 AP 所发射信号的客户端设备。

（二）典型应用

1. 热点覆盖

Wi-Fi 技术作为无线接入和网络互联方式，配以网关和服务器设备，可以组建无线信息共用网。

2. 在煤矿或井下应用

由于 Wi-Fi 设备的功率较小，符合煤矿安全要求，是可用于井下环境的安全型设备，并且可以改变井下无线通信长久以来一直徘徊在窄频范围的现状，使无线通信方式在井下得到更多的运用。

四、NFC 技术

（一）技术概况

NFC 也就是近场通信，是一种极短距离的无线射频识别通信协议技术标准。它是一种新兴的技术，使用了 NFC 技术的设备（例如移动电话）可以在彼此靠近的情况下进行数据交换，是由非接触式射频识别（射频识别）及互连互通技术整合演变而来的，通过在单一芯片上集成感应式读卡器、感应式卡片和点对点通信的功能，利用移动终端实现移动支付、电子票务、门禁、移动身份识别、防伪等应用。

（二）技术应用

目前，NFC 在企业、政府、零售等行业得到广泛应用，而在手机中更是被越来越广泛地应用与普及。具体来讲，目前，NFC 技术在手机上的应用主要有接触通过、接触支付、接触连接、接触浏览和下载接触五类。

1. 交通刷卡

这是很多人都在使用的一个功能。其实，我们平时使用的公交卡就是一张 NFC 芯片，因此，支持 NFC 功能的手机能够在公交地铁上代替公交卡进行支付。而 NFC 手机公交刷卡相较于普通的公交卡或一卡通也有很多的便利之处：首先，在公交卡没钱的情况下，它可以让用户免去排队烦恼，直接在手机上进行充值；其次，能够查看余额信息；最后，它也免去了出门忘带公交卡的麻烦。

2. 移动支付

移动支付已经成为人们生活中的常规行为，NFC 支付也有很多优势。首先安全性更好，具有不可复制性，也无需获取用户信息；此外，NFC 支付更加便捷，无须联网，只要在支持银联闪付的 POS 机上刷卡支付即可。

3. 数据传输

将两部手机背部背靠背贴在一起（对准两部手机的 NFC 区域），然后选择想要传输的内容即可。数据传输可在两部手机间近距离传输包括图片、音乐、通讯录等内容。

4. 充当门禁卡

此功能用到的是 NFC 的卡模式，具备 NFC 功能的智能手机可读取和写入门禁卡信息，然后便可化身门禁卡使用了。

5. 信息读取

该功能是在 NFC 的读卡器模式下，具备读写功能的 NFC 手机可从 TAG 中采集数据，然后根据应用的要求进行处理。有些应用可以直接在本地完成，而有些应用则需要通过与网络交互才能完成。基于该模型的典型应用包括电子广告读取和车票、电影院门票售卖等。如在电影海报或展览信息背后贴有 TAG 标签，用户可以利用支持 NFC 协议的手机获得有关详细信息，或是立即联机使用信用卡购票。此外，还能获取公交站站点信息、公交地图等信息。

第四章

物联网安全

第一节 物联网安全概述

一、物联网安全的研究现状

信息与网络安全的目标是要达到被保护信息的机密性、完整性和可用性。在互联网的早期阶段，人们更关注基础理论和应用研究，随着网络和服务规模的不断增大，安全问题日益凸显，引起了人们的高度重视，相继出现了一些安全技术，如入侵检测系统、防火墙、PKI（公钥基础设施）等。

目前，物联网的研究与应用处于初级阶段，很多的理论与关键技术有待突破，特别是与互联网和移动通信网相比，还没有展示出令人信服的实际应用，物联网安全问题需要进一步地深入研究。

物联网作为互联网的延伸，被称为世界信息产业的第三次浪潮。2017 年，物联网进入规模商用元年。物联网产业由政府推动走向市场主导，大量新兴的物联网技术应用会走进我们的生活。而随着物联网产业市场的扩大，物联网安全问题越发凸显，成为制约物联网大规模应用的重要因素。目前，国内外一些企业已经意识到安全在物联网发展中的重要作用，并针对物联网各层次结构开展了安全技术和产品的研究。

二、物联网的安全需求

物联网系统的安全和一般 IT 系统的安全基本一样，主要有 8 个尺度：读取控制、隐私保护、用户认证、不可抵赖性、数据保密性、通信层安全、数据完整性、随时可用性。

前4项主要处在物联网三层架构的应用层，后4项主要位于传输层和感知层。其中，隐私权和可信度（数据完整性和数据保密性）问题在物联网体系中尤其受关注。

相较于传统网络，物联网的感知节点大都部署在无人监控的环境，具有能力脆弱、资源受限等特点，并且由于物联网是在现有的网络基础上扩展了感知网络和应用平台，传统网络安全措施不足以提供可靠的安全保障，从而使得物联网的安全问题具有特殊性。下面分别从物联网的构成要素，物联网的保护要素，物联网安全的机密性、完整性和可用性，以及物联网面临的安全问题这4个方面分析物联网的安全需求。

（一）从物联网的构成要素分析

物联网的构成要素包括传感器、传输系统（泛在网）及处理系统，因此物联网的安全形态表现在这3个要素上。就物理安全而言，主要表现在传感器的安全方面，包括对传感器的干扰、屏蔽、信号截获等。就运行安全而言，则存在于各个要素中，即涉及传感器、传输系统及处理系统的正常运行，这方面与传统的信息安全基本相同。数据安全也是存在于各个要素中，要求在传感器、传输系统、处理系统中的信息不会出现被窃取、被篡改、被伪造、被抵赖等。传感器与无线传感器网络所面临的问题比传统的信息安全更为复杂，因为传感器与无线传感器网络可能会因为能量受限的问题而不能运行过于复杂的保护体系。

（二）从物联网的保护要素分析

物联网的保护要素是可用性、机密性、可鉴别性与可控性。其中，可用性是从体系上来保障物联网的健壮性、可生存性；机密性是要构建整体的加密体系来保护物联网的数据隐私；可鉴别性是要构建完整的信任体系来保证所有的行为、来源、数据的完整性等都是真实可信的；可控性是物联网最为特殊的地方，是要采取措施来保证物联网不会因为错误而带来控制方面的灾难，包括控制判断的冗余性、控制命令传输渠道的可生存性、控制结果的风险评估能力等。

（三）从物联网安全的机密性、完整性和可用性分析

信息隐私是物联网信息机密性的直接体现，如感知终端的位置信息是物联网的重要信息资源之一，也是需要保护的敏感信息。另外，在数据处理过程中同样存在隐私保护问题，如基于数据挖掘的行为分析等，要建立访问控制机制，控制物联网中信息采集、传递

和查询等操作，确保不会由于个人隐私或机构秘密的泄露而对个人或机构造成伤害。信息的加密是实现机密性的重要手段，由于物联网的多源异构性，使密钥管理显得更为困难，特别是对感知网络的密钥管理是制约物联网信息机密性的瓶颈。

物联网的信息完整性和可用性贯穿物联网数据流的全过程，网络入侵、拒绝攻击服务、路由攻击等都会使信息的完整性和可用性受到破坏。同时，物联网的感知互动过程也要求网络具有高度的稳定性和可靠性。物联网与许多应用领域的物理设备相关联，要保证网络的稳定可靠，如在仓储物流应用领域，物联网必须是稳定的；要保证网络的连通性，不能出现互联网中电子邮件时常丢失等问题，不然无法准确检测进库和出库的物品。

（四）从物联网面临的安全问题分析

从物联网的信息处理过程来看，感知信息经过采集、汇聚、融合、传输、决策与控制等过程，整个信息处理的过程体现了物联网安全的特征与要求，也揭示了其所面临的安全问题。下面从物联网面临的安全问题角度分析物联网的安全需求。

1. 感知网络的信息采集、传输与信息安全问题

感知节点呈现多源异构性，通常情况下感知节点功能简单（如自动温度计）、携带能量少（使用电池），使得它们无法拥有复杂的安全保护能力，而感知网络多种多样，从温度测量到水温监控，从道路导航到自动控制，它们的数据传输和消息也没有特定的标准，所以无法提供统一的安全保护体系，因此要根据具体的应用去制定相应的标准。

2. 核心网络的传输与信息安全问题

核心网络具有相对完整的安全保护能力，但是由于物联网中节点数量庞大，且以集群方式存在，因此会导致在数据传播时，由于大量机器的数据发送使网络拥塞，产生拒绝服务攻击。此外，现有通信网络的安全架构都是从人通信的角度设计的，对以物为主体的物联网，要建立适合于感知信息传输与应用的安全架构。

3. 物联网业务的安全问题

支撑物联网业务的平台有着不同的安全策略，如云计算、分布式系统、海量信息处理等，这些支撑平台要为上层服务管理和大规模行业应用建立起一个高效、可靠和可信的系统，而大规模、多平台、多业务类型使物联网业务层次的安全面临新的挑战，是针对不同的行业应用建立相应的安全策略，还是建立一个相对独立的安全架构，这都是需要研究和讨论的问题。

总之，物联网安全的总体需求就是物理安全、信息采集安全、信息传输安全和信息处理安全的综合，安全的最终目标是确保信息的机密性、完整性、真实性和网络的容错性。

三、物联网的安全体系架构

（一）物联网的安全层次模型

物联网的 3 个特征分别是全面感知、可靠传递和智能处理，因此在分析物联网的安全性时，也相应地将其分为 3 个逻辑层，即感知层、网络层和应用层。除此之外，在物联网的综合应用方面还应该有一个处理层，它主要完成对采集数据的智能处理，并保证数据的完整性、有效性和安全性。在某些框架中，处理层与应用层可能被作为统一逻辑层进行处理，但从信息安全的角度考虑，将处理层和应用层独立出来更容易建立安全架构。结合物联网的安全需求、分布式连接和管理（DCM）模式，给出物联网的安全层次模型。

感知层通过各种传感器节点获取各类数据，包括物体属性、环境状态、行为状态等动态和静态信息，通过传感器网络、射频读写器、GPS、图像捕捉装置（如摄像头）等网络和设备实现数据在感知层的汇聚和传输；网络层主要通过移动通信网、无线网络、互联网等网络基础设施，实现对感知层信息的接入和传输；处理层是为上层应用服务建立起一个高效、可靠的支撑技术平台，通过并行数据挖掘处理等过程，为应用提供服务，屏蔽底层的网络、信息的异构性；应用层是根据用户的需求，建立相应的业务模型，运行相应的应用系统。在各个层次中，安全和管理贯穿于其中。

（二）物联网的安全技术架构

以密码技术为核心的基础信息安全平台及基础设施建设是物联网安全，特别是数据隐私保护的基础，安全平台同时包括安全事件应急响应中心、数据备份和灾难恢复设施、安全管理等。

安全防御技术主要是为了保证信息的安全而采用的一些方法。在物理安全和信息采集安全方面，主要采用针对信息安全基础核心的安全技术，如密码技术、高速密码芯片、PKI（公钥基础设施）、信息系统平台安全等，以保证信息采集过程中节点不被控制和破坏，信息不被伪造和攻击。在网络与信息系统安全方面，主要采用针对网络环境的安全技术，如虚拟专用网、安全路由、防火墙、安全域策略等，实现网络互连过程的安全，旨在确保通信的机密性、完整性和可用性。在信息处理安全方面，主要采用针对信息安全防御的关键技术，如攻击监测、内容分析、病毒防治、访问控制、应急反应、战略预警等，以保证信息的安全处理和存储。在信息应用安全方面，主要采用针对应用环境的安全技术，如可信终端、身份认证、访问控制、安全审计等，以实现应用系统安全运行和信息保护。

四、物联网安全的关键技术

作为一种多网络融合的网络，物联网安全涉及各个网络的不同层次，在这些独立的网络中已实际应用了多种安全技术，物联网中涉及安全的关键技术主要包括密钥管理机制、数据处理与隐私性、安全路由协议、认证与访问控制、入侵检测与容侵容错技术、决策与控制安全等。

（一）密钥管理机制

密钥作为物联网安全技术的基础，它就像一把大门的钥匙一样，在网络安全中起着决定性作用。对于互联网，由于不存在计算机资源的限制，非对称和对称密钥系统都可以适用，移动通信网是一种相对集中式管理的网络，而无线传感器网络和感知节点由于计算资源的限制，对密钥系统提出了更多的要求。

因此，物联网密钥管理系统面临两个主要问题：一是如何构建一个贯穿多个网络的统一密钥管理系统，并与物联网的体系结构相适应；二是如何解决无线传感器网络中的密钥管理问题，如密钥的分配、更新、组播等问题。

实现统一的密钥管理系统可以采用两种方法：一种是以互联网为中心的集中式管理方法，另一种是以各自网络为中心的分布式管理方法。在后一种模式下，互联网和移动通信网比较容易实现对密钥进行管理，但在无线传感器网络环境中对汇聚节点的要求就比较高了。尽管可以在无线传感器网络中采用簇头选择方法，推选簇头，形成层次式网络结构，每个节点与相应的簇头通信，簇头间以及簇头与汇聚节点之间进行密钥的协商，但对多跳通信的边缘节点，以及由于簇头选择算法和簇头本身的能量消耗，使无线传感器网络的密钥管理成为解决问题的关键。

（二）数据处理与隐私性

物联网的数据要经过信息感知、获取、汇聚、融合、传输、存储、挖掘、决策和控制等处理流程，而末端的感知网络几乎要涉及上述信息处理的全过程，只是由于传感节点与汇聚节点的资源限制，在信息的挖掘和决策方面不占据主要的位置。物联网应用不仅面临信息采集的安全性，也要考虑到信息传送的私密性，要求信息不能被篡改和非授权用户使用，同时，还要考虑到网络的可靠、可信和安全。物联网能否大规模推广应用，很大程度上取决于其是否能够保障用户数据和隐私的安全。

就无线传感器网络而言，在信息的感知采集阶段就要进行相关的安全处理，如对射频识别采集的信息进行轻量级的加密处理后，再传送到汇聚节点。这里要关注的是对光学标签的信息采集处理与安全，作为感知端的物体身份标识，光学标签显示了独特的优势，而虚拟光学的加密解密技术为基于光学标签的身份标识提供了手段，基于软件的虚拟光学密码系统由于可以在光波的多个维度进行信息的加密处理，比一般传统的对称加密系统具有更高的安全性，数学模型的建立和软件技术的发展极大地推动了该领域的研究和应用推广。数据处理过程中涉及基于位置的服务和在信息处理过程中的隐私保护问题。

基于位置服务中的隐私内容涉及两个方面：一是位置隐私，二是查询隐私。位置隐私中的位置指用户过去或现在的位置，而查询隐私指敏感信息的查询与挖掘，如某用户经常查询某区域的餐馆或医院，可以分析该用户的居住位置、收入状况、生活行为、健康状况等敏感信息，造成个人隐私信息的泄露。查询隐私就是数据处理过程中的隐私保护问题。所以，我们面临一个困难的选择，一方面希望提供尽可能精确的位置服务，另一方面又希望个人的隐私得到保护，这就需要在技术上给予保证。目前的隐私保护方法主要有位置伪装、时空匿名、空间加密等。

（三）安全路由协议

物联网的路由要跨越多类网络，有基于IP地址的互联网路由协议、有基于标识的移动通信网和无线传感器网络的路由算法，因此至少要解决两个问题：一是多网融合的路由问题；二是无线传感器网络的路由问题。前者可以考虑将身份标识映射成类似的IP地址，实现基于地址的统一路由体系；后者是由于无线传感器网络的计算资源的局限性和易受到攻击的特点，要设计抗攻击的安全路由算法。

目前，国内外学者提出了多种无线传感器网络路由协议，这些路由协议最初的设计目标通常是以最小的通信、计算和存储开销完成节点间的数据传输，但是这些路由协议大都没有考虑到安全问题。实际上由于无线传感器节点电量有限、计算能力有限、存储容量有限、部署在野外等特点，使得它极易受到各类攻击。

第二节 物联网安全问题及对策

一、感知层安全

（一）感知层面临的安全问题

感知层是最为基本的一层，负责完成物体的信息采集和识别。感知层需要解决高灵敏度、全面感知能力、低功耗、微型化和低成本问题。感知层包括多种感知设备，如射频识别系统、各类型传感器、摄像头、GPS等。在基于物联网的应用服务中，感知信息来源复杂，需要综合处理和利用。在当前物联网环境与应用技术下，由各种感知器件构成的无线传感器网络是支撑感知层的主体。无线传感器网络内部的感知器件与外网的信息传递通过无线传感器网络的网关节点，网关节点是所有内部节点与外界通信的控制渠道，因此无线传感器网络的安全性便决定了物联网感知层的安全性。

在一般的应用中，由于窃取网关节点的通信密钥比较困难，因此非法方实际控制无线传感器网络的网关节点的可能性很小。内部传感节点与网关节点之间的共享密钥是最为关键的安全要素，一旦该密钥被非法方所窃取，那么非法方便能利用共享密钥获取一切经过该网关节点传送的信息，这样一来无线传感器网络便完全没有安全性可言。如果该共享密钥没有被非法方掌握，那么非法方就无法通过控制网关节点来任意修改传送的消息，而且这种非法操作也容易被远程处理平台所察觉和追踪。

（二）感知层的安全机制

无线传感器网络的安全解决方案可以采用多种安全机制，如可靠的密钥管理、信息路由安全、连通性解决方案等，设计人员可以选择使用这些安全机制来保证无线传感器网络内部的数据通信安全可靠。无线传感器网络的类型具有多样化的特点，因此难以对安全服务做统一要求，但是必须要保证认证性和机密性。

保证认证性利用对称密码或非对称密码方案，而机密性需要双方在通信会话时协商建立一个临时密钥。目前大部分的无线传感器网络都采用使用对称密码的认证方案，该方案预先设置共享密钥，使得节点资源消耗有效地减少，并提高了使用效率；而在对安全性有更高的要求的无线传感器网络，则通常采用非对称密码方案，它们通常都具有较好的计算能力和通信能力。

此外，入侵检测方法和连通性安全等也是无线传感器网络常用的安全手段。因为无线传感器网络有一定的独立性和封闭性，它的安全性一般不会影响到其他网络的安全。相比于传统的互联网，物联网的构成环境更为复杂，面对的外部威胁会大大增多，因此面向无线传感器网络应用传统的安全解决方案，必须增强它们的安全技术和级别后方能应用到实际场合中。目前密码技术发展较快，有多种密码技术可应用在无线传感器网络的安全架构中，如轻量级密码协议、轻量级密码算法、可设定安全级别的密码技术等。

二、网络层安全

（一）网络层面临的安全问题

物联网的网络层是实现物体互联的通信网络系统，负责完成物体之间的信息传递和交换，融合了现有的所有异构网络，如互联网、移动通信网、广播电视网等。它负责将从感知层的感知设备采集到的信息传送到应用业务层，为上层提供可靠安全的信息传输服务。由于网络层的异构性，在实际的应用环境下，网络层可能会由多个不同类型的网络组成，这便给信息的传递带来极大的安全威胁。

目前在网络环境下会遇到多方面的安全挑战，而基于物联网的网络层也面临着更高更为复杂的安全威胁。主要是因为物联网的网络层由多样化的异构性网络相互连通而成，因此实施安全认证需要跨网络架构，这会带来许多操作上的困难。

在目前的物联网网络层中，传统的互联网仍是传输多数信息的核心平台。在互联网上出现的安全威胁仍然会出现在物联网的网络层上，因此可以借助已有的互联网安全机制或防范策略来增强物联网的安全性。由于物联网上的终端类型种类繁多，如射频识别标签，大到用户终端，各种设备的计算性能和安全防范能力差别非常大，因此面向所有的设备设计出统一完整的安全解决方案非常困难，最有效的方法是针对不同的网络安全需求设计出不同的安全措施。

（二）网络层的安全机制

物联网网络层的安全机制主要有节点到节点机密性和端到端机密性两种。实施节点到节点机密性需要节点间的认证和密钥协商协议；实施端到端机密性则要建立多种安全策略，如端到端的密钥协商策略、端到端的密钥管理机制及选取密码算法等。在异构网络环境下，不同业务有不同的安全要求，实施安全策略要根据需要选择或省略以上安全机制来满足实际需求。

在目前的网络环境下，数据的传输方式有 3 种：单播方式、组播方式和广播方式。不同的数据传播方式下，所要求的安全策略也不一样，必须针对具体问题和条件来设计有效的安全策略和方法。

三、处理层安全

（一）处理层面临的安全问题

处理层是信息到达智能处理平台的处理过程，包括如何从网络中接收信息。在从网络中接收信息的过程中，需要判断哪些信息是真正有用的信息，哪些是垃圾信息甚至是恶意信息。在来自网络的信息中，有些属于一般性数据，用于某些应用过程的输入，而有些可能是操作指令。在这些操作指令中，又有一些可能是多种原因造成的错误指令（如指令发出者的操作失误、网络传输错误等），或者是攻击者的恶意指令。如何通过密码技术等手段甄别出真正有用的信息，又如何识别并有效防范恶意信息和指令带来的威胁，是物联网处理层的重大安全挑战。

物联网处理层的重要特征是智能，智能的技术实现少不了自动处理技术，其目的是使处理过程方便迅速，而非智能的处理手段可能无法应对海量数据。但自动过程对恶意数据特别是恶意指令信息的判断能力是有限的，而智能也仅限于按照一定规则进行过滤和判断，攻击者很容易避开这些规则，正如垃圾邮件过滤一样，这么多年来一直是一个棘手的问题。

（二）处理层的安全机制

为了满足物联网智能处理层的基本安全需求，需要如下的安全机制。

（1）可靠的认证机制和密钥管理方案。

（2）高强度数据机密性和完整性服务。

（3）可靠的密钥管理机制，包括 PKI 和对称密钥的有机结合机制。

（4）可靠的高智能处理手段。

（5）入侵检测和病毒检测。

（6）恶意指令分析和预防，访问控制及灾难恢复机制。

（7）保密日志跟踪和行为分析，恶意行为模型的建立。

（8）密文查询、秘密数据挖掘、安全多方计算、安全云计算技术等。

（9）移动设备文件（包括秘密文件）的可备份和恢复。

（10）移动设备识别、定位和追踪机制。

四、应用层安全

（一）应用层面临的安全问题

应用层面向实际需要的各类应用服务，实现信息处理和共享服务。与感知层、网络层和处理层不同，应用层会面临一些新的安全性问题，必须采用一些新的安全解决方案来应对这些问题，例如个人隐私保护就是这类典型的问题之一。隐私保护问题在感知层和网络层都不会出现，但在某些实际场合下，该问题是应用服务的特别安全要求，开发人员必须考虑和解决这类问题。另外，应用层的安全性还涉及数据权限认证、计算机数据销毁、身份识别、计算机取证等安全机制。

应用层的安全威胁和安全需求，主要有以下几点。

（1）设置数据库访问权限，保证数据库的数据安全。

（2）利用认证技术保护个人私密信息。

（3）保护信息不被泄露。

（4）保护相关应用系统的知识产权。

（5）如何实施计算机取证。

（6）如何完成计算机数据销毁。

随着商业应用网络的高度发展，涉及个人业务的应用不断推向市场，需要保护日益增长的用户的隐私信息。

（二）应用层的安全机制

基于物联网应用层的安全威胁和安全需求，提出如下几点安全策略。

（1）提供数据库访问权限，通过权限控制数据内容访问。

（2）提供不同应用环境下的个人隐私信息保护机制。

（3）保护信息不被泄露及泄露情况下的数据追踪技术。

（4）实施计算机取证。

（5）计算机数据销毁技术。

（6）面向软件产品的知识产权保护技术。

面向应用层的安全架构，在安全解决方案中需要采用有效合适的密码技术，例如：数字签名、数字水印、指纹认证、数字认证、密码算法、叛逆追踪等。

物联网安全性是大规模应用物联网服务的重要技术基础之一。物联网安全挑战主要来源于物联网自身特点所决定的多源异构性，对传统的同质性网络来讲，如移动通信网等，人们已经设计完善了系列有效的安全方法和机制，为系统服务与应用的运行提供了相对可靠的安全保障。目前物联网的安全研究尚处于起步阶段，而且物联网本身复杂度较高，也造成其安全性研究难度比较大，业界还未能提出并制订一个标准的安全解决方案。无线传感器网络是物联网最为重要的基础部分，目前虽有一些基于无线传感器网络的轻量级加密、认证算法，但是还缺乏适用于大规模无线传感器网络的整体安全解决方案，在未来的研究中，应重点考虑融合异构网络设计，建立有效的异构网络安全架构。

第五章

物联网技术的综合应用

第一节 智能交通系统

一、智能交通系统概述

（一）概念

智能交通系统（ITS）是将物联网先进的信息通信技术、传感技术、控制技术以及计算机技术等有效地运用于整个交通运输管理体系，而建立起的一种在大范围内、全方位发挥作用，实时、准确、高效的综合运输和管理系统。其突出特点是以信息的收集、处理、发布、交换、分析、利用为主线，为交通参与者提供多样性的服务。各种交通信息传感器，将感知到车流量、车速、车型、车牌、车位等各类交通信息，通过无线传感器网络传送到位于高速数据传输主干道上的数据处理中心进行处理，分析出当前的交通状况。通过物联网的交通发布系统为交通管理者提供当前的拥堵状况、交通事故等信息来控制交通信号和车辆通行，同时发布出去的交通信息将影响人的行为，实现人与路的互动。

智能交通系统的功能主要表现在顺畅、安全和环境方面，具体表现为：增加交通的机动性，提高运营效率，提高道路网的交通能力，提高设施效率，调控交通需求；提高交通的安全水平，降低事故的可能性，减轻事故的损害程度，防止事故后灾难的扩大；减轻堵塞，降低汽车运输对环境的影响。

智能交通系统的主要目标是使汽车与道路的功能智能化，从而保证交通安全、提高交通效率、改善城市环境、降低能源消耗，将先进的交通理论与高新技术集成并运用于道路交通的整个过程，使得车、路、人相互影响，相互联系，融为一体。系统通过智能化地收集、分析交通数据，以及将交通信息反馈给系统操作者或驾驶员。系统操作者或者驾驶员根据反馈的交通信息，迅速做出反应以改善交通状况。智能交通系统强调的是系统性、实时性、信息交互性以及服务的广泛性，与原来的交通管理和交通系统有本质的区别。

（二）分类

智能交通系统是一个复杂的综合性信息服务系统，主要着眼于交通信息的广泛应用与服务，以提高交通设施的运行效率。从系统组成的角度，智能交通系统（ITS）可以分成以下 10 个子系统：先进的交通信息服务系统、先进的交通管理系统、先进的公共交通系统、先进的车辆控制系统、货物管理系统、电子收费系统、紧急救援系统、运营车辆调度管理系统、智能停车场和旅行信息服务。

1. 先进的交通信息服务系统（ATIS）

ATIS 是建立在完善的信息网络基础上的。交通参与者通过装备在道路上、车上、换乘站上、停车场上以及气象中心的传感器和传输设备，向交通信息中心提供各地的实时交通信息；ATIS 得到这些信息并通过处理后，实时向交通参与者提供道路交通信息、公共交通信息、换乘信息、交通气象信息、停车场信息以及与出行相关的其他信息；出行者根据这些信息确定自己的出行方式、选择路线。更进一步，当车上装备了自动定位和导航系统时，该系统可以帮助驾驶员自动选择行驶路线。

随着信息网络技术的发展，科学家们已经提出将 ATIS 建立在因特网上，并采用多媒体技术，这将使 ATIS 的服务功能大大加强，交通工具将成为移动的信息中心和办公室。

2. 先进的交通管理系统（ATMS）

ATMS 有一部分与 ATIS 共用信息采集、处理和传输系统，但是 ATMS 主要是给交通管理者使用的，用于检测控制和管理公路交通，在道路、车辆和驾驶员之间提供通信联系。它将对道路系统中的交通状况、交通事故、气象状况和交通环境进行实时的监视，依靠先进的车辆检测技术和计算机信息处理技术，获得有关交通状况的信息，并根据收集到的信息对交通进行控制，如信号灯、发布诱导信息、道路管制、事故处理与救援等。

3. 先进的公共交通系统（APTS）

APTS 的主要目的是采用各种智能技术促进公共运输业的发展，使公交系统实现安全便捷、经济、运量大的目标。如通过个人计算机、闭路电视等向公众就出行方式和事件、路线及车次选择等提供咨询，在公交车站通过显示器向候车者提供车辆的实时运行信息。在公交车辆管理中心，可以根据车辆的实时状态合理安排发车、收车等计划，提高工作效率和服务质量。

4. 先进的车辆控制系统（AVCS）

AVCS 的目的是开发帮助驾驶员实行对车辆控制的各种技术，通过车辆和道路上设置的情报通信装置，实现包括自动车驾驶在内的车辆辅助驾驶控制系统。从当前的发展来看，可以分为两个层次：①车辆辅助安全驾驶系统；②自动驾驶系统。

车辆辅助安全驾驶系统有以下几个部分：车载传感器、微波雷达、激光雷达、摄像机、其他形式的传感器、车载计算机和控制执行机构等。行驶的车辆通过车载的传感器测定出与前车、周围车辆以及与道路设施的距离和其他情况，车载计算机进行处理并对驾驶员提出警告，在紧急情况下强制车辆制动。

装备了自动驾驶系统的汽车也称为智能汽车，它在行驶过程中可以做到自动导向、自动检测和回避障碍物，在智能公路上可以在较高的车速下自动保持与前车的距离。但是智能汽车只有在智能道路上使用才可以发挥其全部功能，如果在普通公路上使用，它仅仅是一辆装备了辅助安全驾驶系统的汽车。

5. 货物管理系统（FTMS）

FTMS 在这里指以高速道路网和信息管理系统为基础，利用物流理论进行管理的智能化的物流管理系统。综合利用卫星定位、地理信息系统、物流信息及网络技术有效组织货物运输，提高货运效率。

6. 电子收费系统（ETC）

ETC 是世界上最先进的路桥收费方式。通过安装在车辆挡风玻璃上的车载器与在收费站 ETC 车道上的微波天线之间的微波专用短程通信，利用计算机联网技术与银行进行后台结算处理，从而达到车辆通过路桥收费站无须停车而能交纳路桥费的目的。在现有的车道上安装电子不停车收费系统，可以使车道的通行能力提高 3~5 倍。

7. 紧急救援系统（ERS）

ERS 是一个特殊的系统，它的基础是 ATIS、ATMS 和有关的救援机构和设施，通过 ATIS 和 ATMS 将交通监控中心与职业的救援机构联成有机的整体，为道路使用者提供车辆故障现场紧急处置、拖车、现场救护、排除事故车辆等服务。其主要功能包括：①车辆信息查询，车主可以通过互联网、电话、短信、联网智能卡等多种服务方式了解车辆具体位置和行驶轨迹等信息。②车辆失盗处理，系统可能对被盗车辆进行远程断油锁电操作，并追踪车辆位置。③车辆故障处理，车辆发生故障时，系统自动发出求救信号，通知救援机构进行救援处理。

8. 运营车辆调度管理系统（CVOM）

该系统通过汽车的车载电脑、高度管理中心计算机与全球定位系统卫星联网，实现驾驶员与调度管理中心之间的双向通信，来提供商业车辆、公共汽车和出租汽车的运营效率。该系统通信能力极强，可以对全国乃至更大范围内的车辆实施控制。

9. 智能停车场

智能停车场管理系统是现代化停车场车辆收费及设备自动化管理的系统，是将停车场完全置于计算机系统统一管理下的一种非接触式、自动感应、智能引导、自动收费的停车场管理系统。系统以 IC 卡或 ID 卡等智能卡为载体，通过智能设备使感应卡记录车辆及持卡人进出的相关信息，同时对其信息加以运算、传送并通过字符显示、语音播报等人机界面转化成人工能够辨别和判断的信号，从而实现计时收费、车辆管理等自动化功能。智能停车场管理系统一般分为三大部分：信息的采集与传输、信息的处理与人机界面、信息的存储与查询。根据使用目的，智能停车场管理系统可实现三大功能：对停车场内的车辆进行统一管理及看护，对车辆和持卡人在停车场内流动情况进行图像控制，定期保存采集的文字信息以供交管部门查询。

随着科技的不断更新，智能停车场的功能也不断增加。最新的智能停车场具有独立的网络平台，且与宽带网相连，终端接口多、容量大、可存储图像和数字化影像，使用灵活方便，人性化好。其优势主要表现在：①支持多种收费模式，包括支持大型停车场惯用的集中收费模式和通行的出口收费模式。②多种停车凭证，包括 ID、IC、条码纸票、远距离卡，用于满足各种用户需求。③多种付费方式，包括现金交费、城市一卡通、银行 IC 卡、手机钱包等。④高等级系统运行维护，即系统软件自动升级、故障自动报警、出入口灵活切换，在高峰期灵活切换通道入口和出口，以解决高峰期拥堵问题。⑤多种防盗措施，包括车牌识别、图像对比、双卡认证等。⑥车位引导，包括停车场空车位引导功能、空余车位显示。⑦强大的报表生成器，用于灵活生成贴近用户需求的多种规格报表。⑧停车彩铃，不同车辆、不同日期实现个性化语音播报，让车主开心停车等。

10. 旅行信息服务

旅行信息系统是专为外出旅行人员及时提供各种交通信息的系统。该系统提供信息的媒介是多种多样的，如计算机、电视、电话、路标、无线电、车内显示屏等，任何一种方式都可以。无论你是在办公室、大街上、家中、汽车上，只要采用其中任何一种方式，都能从信息系统中获得所需要的信息。有了该系统，外出旅行者就可以眼观六路、耳听八方了。

二、智能交通系统的关键技术

（一）车联网技术

车联网是指利用装载在车内和车外的感知设备，通过无线射频等识别技术，获取所有车辆及其环境的静、动态属性信息，再由网络传输通信设备与技术进行信息交换和通信，最终经智能信息处理设备与技术对相关信息进行处理，根据不同的功能需求对所有车辆的运行状态进行有效的监管和提供综合服务的高效能、智能化网络。

车联网是物联网技术在智能交通中的应用。车联网系统发展主要通过传感器技术、开放智能的车载终端系统平台、无线传输技术、语音识别技术、海量数据处理技术以及数据整合等技术相辅相成配合实现。

（二）云计算技术

云计算技术为智能交通中海量信息的存储、智能计算提供重要的智能技术与服务。云计算是一种基于互联网的新一代计算模式和理念。云计算通过互联网提供、面向海量信息处理，把大量分散、异构的 IT 资源和应用统一管理起来，组成一个大的虚拟资源池，通过网络以服务形式按需提供给用户。

云计算的特点之一是分散资源集中使用。与传统互联网数据中心相比，云计算比较容易平稳整体负载，极大地提高了资源利用率，其弹性伸缩的运行环境增强了业务的灵活度。云计算的另一个特点是集中资源分散服务，把 IT 资源、数据、应用作为服务，通过网络按需提供给用户。

（三）智能科学技术

智能科学是研究智能的本质和实现技术，是由脑科学、认知科学、人工智能等综合形成的交叉学科。脑科学从分子水平、细胞水平、行为水平研究自然智能机理，建立脑模型，揭示人脑的本质；认知科学是研究人类感知、学习、记忆、思维、意识等人脑心智活动过程的科学；人工智能研究用人工的方法和技术，模仿、延伸和扩展人的智能，实现机器智能。通过多学科的交叉、融合，不仅从功能上进行仿真，而且从机理上研究、探索智能的新概念、新理论、新方法，最终达到应用的目的。

目前，具有重要应用的智能科学关键技术包括主体技术、机器学习与数据挖掘、语意网格和知识网格、自主计算、认知信息学和内容计算等。

智能科学为智能交通提供智慧的技术基础，支持对智能交通中海量信息的智能识别、融合、运算、监控和处理等功能。

（四）建模仿真技术

仿真技术是一门多学科的综合性技术，它以控制论、系统论、相似原理和信息技术为基础，以计算机系统和物理效应设备及仿真器等专用设备为工具，根据研究目标，建立并运行模型，对研究对象进行动态试验、运行、分析、评估认识与改造的一门综合性、交叉性技术。

仿真技术由三类基本活动组成：建立研究对象模型，建立并运行仿真系统，分析与评估仿真结果。仿真技术对智能交通各功能领域和运营活动进行建模仿真研究、试验、分析和论证，为智能交通体系的构建和各类业务项目实施运行提供决策依据和不可或缺的关键技术支撑。

智能交通是一个综合性的系统工程。在智能交通建设过程中，还涉及统一的标准，需要系统工程技术、高性能计算技术、数据安全技术和各种应用技术等技术支撑。

三、智能交通系统技术实现

（一）智能交通系统总体架构

物联网应用层是基于信息展开工作的，通过将信息以多样的方式展现到使用者面前，供决策、供服务、供业务开展。

智能交通应用系统可分成：应用子系统、信息服务中心和指挥控制中心3部分。其中，应用子系统包括交通信息采集系统、信号灯控制系统、交通诱导系统、停车诱导系统；信息服务中心包括远程服务模块、远程监测模块、前期测试模块、在线运维模块、数据交换模块和咨询管理模块六部分；指挥控制中心包括交通设施数据平台、交通信息数据平台、GIS平台、应用管理模块、数据管理模块、运行维护模块和信息发布模块。

（二）智能交通应用系统架构

应用子系统实现各职能部门的专有交通应用；信息服务中心以前期调测、远程运维管理和远程服务为目的，结合数据交换平台实现与应用子系统的数据共享，通过资讯管理模块实现信息的发布，用户和业务的管理等；指挥控制中心以GIS平台为支撑，建立部件和事件平台，部件主要指代交通设施，事件主要指代交通信息，通过对各应用子系统的管理，以实现集中管理为目的，具有数据分析、数据挖掘、报表生成、信息发布和集中管理等功能。

四、智能交通系统功能体现

智能交通系统的功能主要体现在以下 8 个方面。

①拥有先进的智能指挥控制中心，具有交通信息的实时自动检测、监视与存储功能、应具有兼容、整合不同来源交通信息的能力。②对所采集到的交通信息进行分级集中处理，具有对道路现状交通流进行分析、判断的能力，应能对道路交通拥挤具有规范的分类与提示，包括常发性交通拥挤、偶发性交通事件、地面和高架道路上存在的交通问题以及交通事故等，并具有初步的交通预测功能。③在发现交通异常时，能够及时向相关交通管理人员报警、提示。④具有多种发布交通信息的能力，以调节、诱导或控制相关区域内交通流变化。发布内容可以是交通拥挤，交通事故等信息。⑤能够接受交通管理人员的各类交通指令，并在接受指令后能及时做出正确反应，基本达到预设效果，能够为交通管理人员提供处理常见交通问题的决策预案和建议。⑥具有大范围的信息采集、汇总、处理能力，具有稳定、可靠的软硬件设施配置和运行环境。同时，在相关的节点应能够进行协调，所采集的信息经处理后，具有与其他相关机构、部门的信息系统相互进行信息共享、交换的能力。⑦信息采集与发布系统应具有故障自检功能，使系统的运行管理人员能及时了解外场设备状况，并具有及时检查、维护这些设施的能力。⑧系统可实现私人交通服务、公众交通服务和商务交通服务，达到可运营的目的。

作为物联网产业链中的重要组成部分，智能交通具有行业市场成熟度较高、行业传感技术成熟、政府扶持力度大的特点，在许多城市已经开始规模化应用，市场前景广阔，投资机会巨大，将成为未来几年物联网产业发展的重大领域。

目前，许多城市都已经采用信息化手段改进城市交通，并取得了一定的社会和经济效益。但随着城市的飞速发展和车辆保有量的高速增长，交通问题仍然日益严重。为了促进智能交通系统的发展和应用，各个部分的关键理论和技术的科研攻关成为科研学术团体面临的重大挑战。其中，智能公路是智能交通系统发展的一个重要目标。智能公路是建有通信系统、监控系统等基础设施、并对车辆实施自动安全检测、发布相关的信息以及实施实时自动操作的运行平台。智能公路系统可显著提高公路的通行能力和服务水平、使车流量增大 2~3 倍，行车时间缩短 35%~50%；可以极大地提高安全性，预防和避免交通事故、降低并排除人为错误及驾驶员心理因素的消极影响。智能公路是智能交通的最高形式和最终归宿，代表着未来公路交通的发展方向，前景是美好的，但同时也是技术难度最大、涉及面最广、最具挑战性的领域。

第二节　智能工业

一、智能工业的物联网技术

工业是物联网应用的重要领域。具有环境感知能力的各类中断、基于泛在技术的计算模式、移动通信等不断融入工业生产的各个环节，可以大幅度提高制造效率，改善产品质量，降低产品成本和资源消耗，将传统工业提升到智能工业的新阶段。

智能工业，即工业智能化，是指基于物联网技术将信息技术、网络技术和智能技术应用于工业领域，给工业系统注入"智慧"的综合技术。它突破了采用计算机技术模拟人在工业生产过程中和产品使用过程中的智能活动，以进行分析、推理、判断、构思和决策，从而去扩大延伸和部分替代人类的脑力劳动，实现知识密集型生产和决策的自动化。

智能工业的实现是基于物联网技术的渗透和应用，并与未来先进制造技术相结合，形成新的智能化的制造体系。所以，智能工业的关键技术在于物联网技术。

"物联网技术"的核心和基础仍然是"互联网技术"，是在互联网技术基础上的延伸和扩展的一种网络技术；其用户端延伸和扩展到了任何物品和物品之间，进行信息交换和通信。物联网技术是指通过射频识别、红外感应器、全球定位系统、激光扫描器等信息传感设备，按约定的协议，将任何物品与互联网相连接，进行信息交换和通信，以实现智能化识别、定位、追踪、监控和管理的一种网络技术。

（一）物联网技术在工业领域的应用

1. 制造业供应链管理

物联网应用于企业原材料采购、库存、销售等领域，通过完善和优化供应链管理体系，提高了供应链效率，降低了成本。空中客车通过在供应链体系中应用传感网络技术，构建了全球制造业中规模最大、效率最高的供应链体系。

2. 生产过程工艺优化

物联网技术的应用提高了生产线过程检测、实时参数采集、生产设备监控、材料消耗监测的能力和水平。生产过程的智能监控、智能控制、智能诊断、智能决策、智能维护水平不断提高。钢铁企业应用各种传感器和通信网络，在生产过程中实现对加工产品的宽度、厚度、温度的实时监控，从而提高了产品质量，优化了生产流程。

3. 产品设备监控管理

各种传感技术与制造技术融合，实现了对产品设备操作使用记录、设备故障诊断的远程监控。通过传感器和网络对设备进行在线监测和实时监控，并提供设备维护和故障诊断的解决方案。

4. 环保监测及能源管理

物联网与环保设备的融合实现了对工业生产过程中产生的各种污染源及污染治理各环节关键指标的实时监控。在重点排污企业排污口安装无线传感设备，不仅可以实时监测企业排污数据，而且可以远程关闭排污口，防止突发性环境污染事故的发生。电信运营商已开始推广基于物联网的污染治理实时监测解决方案。

5. 工业安全生产管理

把感应器嵌入装备到矿山设备、油气管道、矿工设备中，可以感知危险环境中工作人员、设备机器、周边环境等方面的安全状态信息，将现有分散、独立、单一的网络监管平台提升为系统、开放、多元的综合网络监管平台，实现实时感知、准确辨识、快捷响应、有效控制。

（二）物联网技术与工业技术相结合

与未来先进制造技术相结合是物联网应用的生命力所在。物联网是信息通信技术发展的新一轮制高点，正在工业领域广泛渗透和应用，并与未来先进制造技术相结合，形成新的智能化的制造体系。这一制造体系仍在不断发展和完善之中。概括起来，物联网与先进制造技术的结合主要体现在 8 个领域。

1. 泛在感知网络技术

建立服务于智能制造的泛在网络技术体系，为制造中的设计、设备、过程、管理和商务提供无处不在的网络服务。面向未来智能制造的泛在网络技术发展还处于初始阶段。

2. 泛在制造信息处理技术

建立以泛在信息处理为基础的新型制造模式，提升制造行业的整体实力和水平。泛在信息制造及泛在信息处理尚处于概念和实验阶段，各国政府均将此列入国家发展计划，大力推动实施。

3. 虚拟现实技术

采用真三维显示与人机自然交互的方式进行工业生产，进一步提高制造业的效率。虚拟环境已经在许多重大工程领域得到了广泛的应用和研究。未来，虚拟现实技术的发展方向是三维数字产品设计、数字产品生产过程仿真、真三维显示和装配维修等。

4. 人机交互技术

传感技术、传感器网、工业无线网以及新材料的发展，提高了人机交互的效率和水平。随着人机交互技术的不断发展，我们将逐步进入基于泛在感知的信息化制造人机交互时代。

5. 空间协同技术

空间协同技术的发展目标是以泛在网络、人机交互、泛在信息处理和制造系统集成为基础，突破现有制造系统在信息获取、监控、控制、人机交互和管理方面集成度差、协同能力弱的局限，提高制造系统的敏捷性、适应性、高效性。

6. 平行管理技术

未来的制造系统将由某一个实际制造系统和对应的一个或多个虚拟的人工制造系统所组成。平行管理技术就是要实现制造系统与虚拟系统的有机融合，不断提升企业认识和预防非正常状态的能力，提高企业的智能决策和应急管理水平。

7. 电子商务技术

制造与商务过程一体化特征日趋明显，整体呈现出纵向整合和横向联合两种趋势。未来要建立健全先进制造业中的电子商务技术框架，发展电子商务以提高制造企业在动态市场中的决策与适应能力，构建和谐、可持续发展的先进制造业。

8. 系统集成制造技术

系统集成制造是由智能机器人和专家共同组成的人机共存、协同合作的工业制造系统。它集自动化、集成化、网络化和智能化于一身，使制造具有修正或重构自身结构和参数的能力，具有自组织和协调能力，可满足瞬息万变的市场需求，应对激烈的市场竞争。

工业化的基础是自动化，自动化领域发展了近百年，拥有完善的理论和实践基础。

特别是随着现代大型工业生产自动化的不断兴起和过程控制要求的日益复杂营运而生的物联网的产业链（DCS）控制系统，更是计算机技术、系统控制技术、网络通信技术和多媒体技术结合的产物。DCS 的理念是分散控制、集中管理。虽然自动设备全部联网，并能在控制中心监控信息而通过操作员来集中管理，但操作员的水平决定了整个系统的优化程度。

信息技术发展前期的信息服务对象主要是人，其主要解决的是信息孤岛问题。当为人服务的信息孤岛问题解决后，要在更大范围内解决信息孤岛问题，就要将物与人的信息打通。人获取了信息之后，可以根据信息判断做出决策，从而触发下一步操作；但由于人存在个体差异，对于同样的信息，不同的人做出的决策是不同的。智能分析与优化技术是解决这个问题的一个手段，在获得信息后，依据历史经验以及理论模型，快速做出最优决策。数据的分析与优化技术在两化融合的工业化与信息化方面都有旺盛的需求。

二、智能工业的应用与发展

工业化的基础是自动化，自动化主要应用在复杂的工业工厂里。一个智能工业管理系统可以实现一个工厂的安全生产，也可以使工厂便于管理。智能工业的发展主要分为工业大数据和工业与人工智能两个方向。

（一）工业大数据

工业大数据基于工业云计算服务平台进行海量的数据存储、数据挖掘和可视化呈现。工业大数据推动互联网由以服务个人用户消费为主向以服务生产性应用为主转变，由此导致产业模式、制造模式和商业模式的重塑。大数据与智能机床、机器人、3D 打印等技术相结合，推动了柔性制造、智能制造和网络制造的发展。工业大数据与智能物流、电子商务的联动，进一步加速了工业企业销售模式的变革，如精准营销配送、精准广告推送等。

（二）工业与人工智能

工业与人工智能方法将会带来工业数据的快速增长，传统的数学统计与拟合方法难以满足海量数据的深度挖掘，大数据与机器学习方法正在成为众多工业互联网平台的标准配置。大数据框架被广泛应用于海量数据的批处理和流处理，各类机器学习算法，尤其是以深度学习、迁移学习、强化学习为代表的人工智能算法，正成为工业互联网平台解决各领域诊断、预测与优化问题的得力工具。

第三节　智能物流

一、智能物流概述

（一）概念

智能物流是指物理网在物流领域的应用，它是指在物联网的广泛应用的基础上利用先进的信息管理、信息处理技术、信息采集技术、信息流通等技术，完成将货物从供应者向需求者移动的整个过程，其中包括仓储、运输、装卸搬运、包装、流通加工、信息处理等多项基本活动的过程。

智能物流的智能性体现在："实现监控的智能化，主动监控车辆与货物，主动分析、获取信息，实现物流全程监控；实现企业内、外部数据传递的智能化，通过互联网等技术实现整个供应链的一体化；实现企业物流决策的智能化，通过实时的数据监控、对比分析，对物流过程与调度的不断优化，对客户个性化需求的及时响应；在大量基础数据和智能分析的基础上，实现物流战略规划的建模、仿真、预测，确保未来物流战略的准确性和科学性。"智能物流体现了智能化、一体化、社会化、柔性化的特点。

物流行业不仅仅是国家十大产业振兴规划的其中一个，也是信息化及物联网应用的重要领域。它的信息化和综合化的物流管理、流程监控不仅能为企业带来物流效率提升、物流成本控制等效益，也从整体上提高了企业以及相关领域的信息化水平，从而达到带动整个产业发展的目的。

物联网技术是信息技术的革命性创新，现代物流业发展的主线是基于信息技术的变革，物联网必将带来物流配送网络的智能化，带来敏捷智能的供应链变革，带来物流系统物品的透明化与实时化管理，实现重要物品的物流可追踪管理。随着物联网的发展，智能物流将会有更广阔的发展前景。

（二）特征与结构

智能物流涵盖数据库、数据挖掘、自动识别及人工智能（AI）等技术，具有智能化、柔性化、一体化、社会化等特点。智能物流的智能化体现在：实时监控运载车辆与货物，实时获取、主动分析信息，实现监控的智能化；通过电子数据交换（EDI）等技术实现供应链的柔性化和一体化，实现企业内外部数据传递的智能化；通过对实时数据进行实时监控和对比分析，智能物流是利用条形码、集成智能化技术、射频识别技术、传感器、全球定位系统等先进的物联网技术通过信息处理和网络通信技术平台广泛应用于物流业运输、仓储、配送、包装、装卸等基本活动环节，使物流系统能模仿人的智能，具有思维、感知、学习、推理判断和自行解决物流中某些问题的能力，实现货物运输过程的自动化运作和高效率优化管理，提高物流行业的服务水平，降低成本，减少自然资源和社会资源消耗。

物联网技术是以传感网、数据融合分析系统、智能决策系统等为特征的延长和增强了人类认知功能的方法体系，它主要由传感网、通信网、决策层组成，物联网的核心是物联、互联、智能。智能物流系统应当是能够准确地采集物流车辆、货物、仓储等信息，又能与相关的网络资源互联互通，能够智能地分析客户的需求、规划物流方案、优化匹配运力等，又辅助实现物流服务的网络化和电子化交易。

因此，基于物联网技术的智能物流系统包括以下 3 个系统。

1. 智能物流管理系统

通过互联网，射频识别射频技术、移动互联网、卫星定位技术等的运用，广泛建立包括订单处理、货代通关、库存设计、货物运输和售后服务等信息系统，最终实现客源优化、货物流程控制、数字化仓储、客户服务管理和货运财务管理的信息支持。

2. 物流电子商务系统

物流电子商务就是利用网络技术和电子支付系统等，实现物流服务的电子化、网络化、虚拟化交易，为物流服务提供方实现收益。

3. 智能交通系统

智能交通系统可以为智能物流系统提供道路动态交通信息、车辆位置信息、ETC 不停车系统、道路应急处理系统等，主要是保证车辆高效的畅行和实时监控车辆位置运动状态。

（三）四大特性

1. 物流信息的开放性、透明性

大量信息技术的应用，海量物流信息的数据处理能力，以及物联网的开放性，使智能物流系统建立了一个开放性的管理平台和运营平台，这个平台提供精准完善的物流服务，为客户提供产品市场调查、分析、预测，产品采购和订单处理等。

2. 物联网方法体系的典型应用

物联网的核心是物联、互联和智能，体现在智能物流系统上是：通过射频识别射频技术、GPS技术、视频监控、互联网等技术实现对货物、车辆、仓储、订单的动态实时可视化管理，利用数据挖掘技术对海量数据进行融合分析，最终实现智能化的物流管理和高效精准的物流服务。

3. 物流与电子商务的有机结合

电子商务充分利用互联网和信息技术消除了信息的不对称，消除了制造商、渠道商和消费者之间的隔阂。

4. 配送中心成为商流、信息流和物流的汇集中心

将原有的物流、商流和信息流"三流分立"有机地结合在一起，畅通、准确、及时的信息才能从根本上保证商流和物流的高质量和高效率。

物流业将传统物流技术与智能化系统运作管理相结合提供了一个很好的平台，智能物流的未来发展主要体现出4个特点：在物流作业过程中的大量运筹与决策的智能化；以物流管理为核心，实现物流过程中运输、存储、包装和装卸等环节的一体化和智能物流系统的层次化；智能物流的发展会更加突出"以顾客为中心"的理念，根据消费者需求变化来灵活调节生产工艺；智能物流的发展将会促进区域经济的发展和世界资源优化配置，实现社会化。

智能物流在实施过程中强调的是物流过程数据智慧化、网络协同化和决策智慧化。智能物流系统的4个智能机理包括信息的智能获取技术、智能传递技术、智能处理技术和智能运用技术。智能物流在功能上要实现6个"正确"，即正确的货物、正确的数量、正确的地点、正确的质量、正确的时间、正确的价格，在技术上要实现：物品识别、地点跟踪、物品溯源、物品监控、实时响应。

物流企业一方面可以通过对物流资源进行信息化优化调度和有效配置，来降低物流成本；另一方面，物流过程中加强管理和提高物流效率，以改进物流服务质量。然而，随着物流的快速发展，物流过程越来越复杂，物流资源优化配置和管理的难度也随之提高，物资在流通过程各个环节的联合调度和管理更重要，也更复杂。要实现物流行业长远发展，就要实现从物流企业到整个物流网络的信息化、智能化，因此，发展智能物流成为必然。

二、智能物流系统的关键技术

实现智能物流系统的关键技术除了传统的网络技术和通信技术以外，还主要包括自动识别技术、数据挖掘技术、人工智能技术和 GIS 技术。

（一）自动识别技术

自动识别技术是以计算机、光、机、电、通信等技术的发展为基础的一种高度自动化的数据采集技术。它通过应用一定的识别装置，自动地获取被识别物体的相关信息，并提供给后台的处理系统来完成相关后续处理的一种技术。它能够帮助人们快速而又准确地进行海量数据的自动采集和输入，在运输、仓储、配送等方面已得到广泛的应用。经过多年的发展，自动识别技术已经发展成为由条码识别技术、射频识别技术、生物识别技术等组成的综合技术，并正在向集成应用的方向发展。

条码识别技术是目前使用最广泛的自动识别技术，它是利用光电扫描设备识读条码符号，从而实现信息自动录入。条码是由一组按特定规则排列的条、空及对应字符组成的表示一定信息的符号。不同的码制，条码符号的组成规则不同。较常使用的码制有 EAN/UPC 条码、128 条码 JTF-14 条码、交叉二五条码、三九条码、库德巴条码等。

射频识别技术是近几年发展起来的现代自动识别技术，它是利用感应、无线电波或微波技术的读写器设备对射频标签进行非接触式识读，达到对数据自动采集的目的。它可以识别高速运动物体，也可以同时识读多个对象，具有抗恶劣环境、保密性强等特点。

生物识别技术是利用人类自身生理或行为特征进行身份认定的一种技术。生物特征包括手形、指纹、脸形、虹膜、视网膜、脉搏、耳廓等，行为特征包括签字、声音等。由于人体特征具有不可复制的特性，这一技术的安全性较传统意义上的身份验证机制有很大的提高。人们已经发展了虹膜识别技术、视网膜识别技术、面部识别技术、签名识别技术、声音识别技术、指纹识别技术等 6 种生物识别技术。

（二）数据挖掘技术

数据仓库出现在 20 世纪 80 年代中期，是一个面向主题的、集成的、非易失的、时变的数据集合，数据仓库的目标是把来源不同的、结构相异的数据经加工后在数据仓库中存储、提取和维护，它支持全面的、大量的复杂数据的分析处理和高层次的决策支持。数据仓库使用户拥有任意提取数据的自由，而不干扰业务数据库的正常运行。数据挖掘是从大量的、不完全的、有噪声的、模糊的及随机的实际应用数据中，挖掘出隐含的、未知的、对决策有潜在价值的知识和规则的过程。一般分为描述型数据挖掘和预测型数据挖掘两种。描述型数据挖掘包括数据总结、聚类及关联分析等，预测型数据挖掘包括分类、回归及时间序列分析等。其目的是通过对数据的统计、分析、综合、归纳和推理，揭示事件间的相互关系，预测未来的发展趋势，为企业的决策者提供决策依据。

（三）人工智能技术

人工智能是探索研究用各种机器模拟人类智能的途径，使人类的智能得以物化与延伸的一门学科。它借鉴仿生学思想，用数学语言抽象描述知识，用以模仿生物体系和人类的智能机制，主要的方法有神经网络、进化计算和粒度计算3种。

神经网络是在生物神经网络研究的基础上模拟人类的形象直觉思维、根据生物神经元和神经网络的特点，通过简化、归纳，提炼总结出来的一类并行处理网络。神经网络的主要功能主要有联想记忆、分类聚类和优化计算等。虽然神经网络具有结构复杂、可解释性差、训练时间长等缺点，但由于其对噪声数据的高承受能力和低错误率的优点，以及各种网络训练算法如网络剪枝算法和规则提取算法的不断提出与完善，使得神经网络在数据挖掘中的应用越来越为广大使用者所青睐。

进化计算是模拟生物进化理论而发展起来的一种通用的问题求解的方法。因为它来源于自然界的生物进化，所以它具有自然界生物所共有的极强的适应性特点，这使得它能够解决那些难以用传统方法来解决的复杂问题。它采用了多点并行搜索的方式，通过选择、交叉和变异等进化操作，反复叠代，在个体的适应度值的指导下，使得每代进化的结果都优于上一代，如此逐代进化，直至产生全局最优解或全局近优解。其中最具代表性的就是遗传算法，它是基于自然界的生物遗传进化机理而演化出来的一种自适应优化算法。

（四）GIS技术

GIS是打造智能物流的关键技术与工具，使用GIS可以构建物流一张图，将订单信息、网点信息、送货信息、车辆信息、客户信息等数据都在一张图中进行管理，实现快速智能分单、网点合理布局、送货路线合理规划、包裹监控与管理。GIS技术可以帮助物流企业实现基于地图的服务：①网点标注，将物流企业的网点及网点信息标注到地图上，便于用户和企业管理者快速查询。②片区划分，从"地理空间"的角度管理大数据，为物流业务系统提供业务区划管理基础服务，如划分物流分单责任区等，并与网点进行关联。③快速分单，使用GIS地址匹配技术，搜索定位区划单元，将地址快速分派到区域及网点。并根据该物流区划单元的属性找到责任人以实现"最后一公里"配送。④车辆监控管理系统，从货物出库到达客户手中全程监控，减少货物丢失；合理调度车辆，提高车辆利用率；各种报警设置，保证货物司机车辆安全，节省企业资源。⑤物流配送路线规划辅助系统用于辅助物流配送规划，合理规划路线，保证货物快速到达，节省企业资源，提高用户满意度。⑥数据统计与服务，将物流企业的数据信息在地图上可视化直观显示，通过科学的业务模型、GIS专业算法和空间挖掘分析，洞察通过其他方式无法了解的趋势和内在关系，从而为企业的各种商业行为。

三、智能物流系统的发展方向

运输成本在经济全球化的影响下，竞争日益激烈。如何配置和利用资源，有效地降低制造成本是企业所要重点关注的问题。随着经济全球化的发展和网络经济的兴起，物流的功能也不再是单纯为了降低成本，而是发展成为提高客户服务质量以提高企业综合竞争力。当前，物流产业正逐步形成7个发展趋势，它们分别为信息化、智能化、环保化、企业全球化与国际化、服务优质化、产业协同化以及第三方物流。

（一）信息化趋势

物流信息化是现代物流的核心，是指信息技术在物流系统规划、物流经营管理、物流流程设计与控制和物流作业等物流活动中全面而深入的应用，并且成为物流企业和社会物流系统核心竞争能力的重要组成部分。物流信息化一般表现为以下3方面。

1. 公共物流信息平台

公共物流信息平台是指为国际物流企业、国际物流需求企业和其他相关部门提供国际物流信息服务的公共的商业性平台。公共物流信息平台的建立，能实现对客户的快速反应。现代社会经济是一个服务经济的社会。建立客户快速反应系统是国际物流企业更好的服务客户的基础。公共物流信息平台的建立，能加强同合作单位的协作。

2. 物流信息安全技术将日益被重视

网络技术发展起来的物流信息技术，在享受网络飞速发展带来巨大好处的同时也时刻饱受着可能遭受的安全危机。应用安全防范技术，保障国际物流企业的物流信息系统平台安全、稳定地运行是国际物流企业长期面临的一项重大挑战。

3. 信息网络将成为国际物流发展的最佳平台

连接全球的互联网从科技领域进入商业领域后，得到了飞速的发展。互联网以其简便、快捷、灵活、互动的方式，全天候地传送全球各地间的信息，跨越时空限制，"天涯若比邻"，整个世界变成了"地球村"。互联网已经成为并将继续担负起全球信息交换的新平台。

（二）智能化趋势

国际物流的智能化已经成为电子商务下物流发展的一个方向。智能化是物流自动化、信息化的一种高层次应用，物流作业过程中大量的运筹和决策，如库存水平的确定、运输路线的选择，自动导向车的运行轨迹和作业控制，自动分拣机的运行、物流配送中心经营管理的决策支持等问题，都可以借助专家系统、人工智能和机器人等相关技术加以解决。

除了智能化交通运输外，无人搬运车、机器人堆码、无人叉车、自动分类分拣系统、无纸化办公系统等现代物流技术，都大幅提高了物流的机械化、自动化和智能化水平。同时，还出现了虚拟仓库、虚拟银行的供应链管理，这都必将把国际物流推向一个崭新的发展阶段。

（三）环保化趋势

物流与社会经济的发展是相辅相成的，现代物流一方面促进了国民经济从粗放型向集约型转变，又在另一方面成为消费生活高度化发展的支柱。然而，无论在"大量生产—大量流通—大量消费"的时代，还是在"多样化消费有限生产—高效率流通"的时代，都需要从环境的角度对物流体系进行改进。环境共生型的物流管理就是要改变原来经济发展与物流，消费生活与物流的单向作用关系，在抑制物流对环境造成危害的同时，形成一种催促经济和消费生活同时健康发展的物流系统，即向环保型、循环型物流转变。

（四）服务优质化趋势

消费多样化、生产柔性化、流通高效化时代使得社会和客户对现代物流服务提出更高的要求，对传统物流形式带来了新的挑战，进而使得物流发展出现服务优质化的发展趋势。物流服务优质化努力实现"5Right"的服务，即把好的产品在规定的时间、规定的地点，以适当的数量、合适的价格提供给客户将成为物流企业优质服务的共同标准。物流服务优质化趋势代表了现代物流向服务经济发展的进一步延伸，表明物流服务的质量正在取代物流成本，成为客户选择物流服务的重要标准之一。

（五）产业协同化趋势

21 世纪是一个物流全球化的时代，制造业和服务业逐步一体化，大规模生产、大量消费使得经济中的物流规模日趋庞大和复杂，传统的、分散的物流活动正逐步拓展，整个供应链向集约化、协同化的方向发展，成为物流领域的重要发展趋势之一。从物流资源整合和一体化角度来看，物流产业重组、并购不再仅仅局限于企业层面上，而是转移到相互联系、分工协作的整个产业链条上，经过服务功能、行业资源及市场的一系列重新整合，形成以利益供应链管理为核心的、社会化的物流系统；从物流技术角度看，信息技术把单个物流企业连成一个网络，形成一个环环相扣的供应链，使多个企业能在一个整体的管理下实现协作经营和协调运作。

（六）第三方物流趋势

随着物流技术的不断发展，第三方物流作为一个提高物资流通速度、节省仓储费用和资金在途费用的有效手段，已越来越引起人们的高度重视。第三方物流是在物流渠道中由中间商提供的服务，中间商以合同的形式在一定期限内，提供企业所需的全部或部分物流服务。经过调查统计，全世界的第三方物流市场具有潜力大、渐进性和高增长率的特性。它的潜力性集中表现在它极高的优越性，主要表现在：节约费用、减少资本积压、集中主业、减少库存和提升企业形象，给企业和顾客带来了众多益处。此外，大多数公司开始时并不是第三方物流服务公司，而是逐渐发展进入该行业的。可见，它的发展空间很大。

第四节　智慧城市

一、智慧城市概述

城市作为人类的交易中心和聚集中心，是人类经济社会发展到一定阶段的产物。城市的出现，是人类社会步入文明时代的标志，也是人类群居生活的高级形式。城市化进程不断加快，使得城市人口剧增、城市规模迅速扩大，城市作为区域经济和政治中心的地位不断增强。人类生产力水平的提高也推动城市的形态和功能不断演变。

以物联网、云计算等新一代技术为核心的智慧城市建设理念，成为一种未来城市发展的全新模式。智慧城市是人类社会发展的必然产物，智慧城市建设从技术和管理层面也是可行的。智慧城市的建设，有利于解决城市发展问题，有利于提升城市信息管理水平，有利于促进国家高端产业发展。

智慧城市是指充分借助物联网、传感网，涉及智能楼宇、智能家居、路网监控、智能医院等诸多领域，把握新一轮科技创新革命和信息产业浪潮的重大机遇，充分发挥信息通信产业，射频识别技术、电信业务及信息化基础设施优良等优势，通过建设信息通信基础设施、认证、安全等平台和示范工程，构建城市发展的智慧环境，形成基于海量信息和智能过滤处理的新的生活、产业发展、社会管理等模式，面向未来构建全新的城市形态。

城市由关系到城市主要功能的不同类型的网络、基础设施和环境6个核心系统组成：组织、业务/政务、交通、通信、水和能源。这些系统不是零散的，而是以一种协作的方式相互衔接。而城市本身，则是由这些系统所组成的宏观系统。

智慧城市就是运用信息和通信技术手段感测、分析、整合城市运行核心系统的各项关键信息，从而对包括民生、环保、公共安全、城市服务、工商业活动在内的各种需求做出智能响应。其实质是利用先进的信息技术，实现城市智慧式管理和运行，进而为城市中的人创造更美好的生活，促进城市的和谐、可持续成长。

智慧城市通过物联网基础设施、云计算基础设施、地理空间基础设施等新一代信息技术以及维基、社交网络、综合集成法、网动全媒体融合通信终端等工具和方法的应用，实现全面透彻的感知、宽带泛在的互联、智能融合的应用以及以用户创新、开放创新、大众创新、协同创新为特征的可持续创新。伴随网络的兴起、移动技术的融合发展以及创新的民主化进程，知识社会环境下的智慧城市是信息化城市发展的高级形态。

从技术发展的视角，智慧城市建设要求通过以移动技术为代表的物联网、云计算等新一代信息技术应用实现全面感知、泛在互联、普适计算与融合应用。从社会发展的视角，智慧城市还要求通过维基、社交网络、综合集成法等工具和方法的应用，实现以用户创新、开放创新、大众创新、协同创新为特征的知识社会环境下的可持续创新、强调通过价值创造，以人为本实现经济、社会、环境的全面可持续发展。

智慧城市作为信息技术的深度拓展和集成应用，是新一代信息技术孕育突破的重要方向之一，是全球战略新兴产业发展的重要组成部分。开展"智慧城市"技术和标准试点，是科技部和国家标准委为促进我国智慧城市建设健康有序发展，推动我国自主创新成果在智慧城市中推广应用共同开展的一项示范性工作，旨在形成我国具有自主知识产权的智慧城市技术与标准体系和解决方案，为我国智慧城市建设提供科技支撑。

智慧城市有如下4大特点：①全面感测——遍布各处的传感器和智能设备组成"物联网"，对城市运行的核心系统进行测量、监控和分析；②充分整合——"物联网"与互联网系统完全连接和融合，将数据整合为城市核心系统的运行全图，提供智慧的基础设施；③激励创新——鼓励政府、企业和个人在智慧基础设施之上进行科技和业务的创新应用，为城市提供源源不断的发展动力；④协同运作——基于智慧的基础设施，城市里的各个关键系统和参与者进行和谐高效的协作，达成城市运行的最佳状态。

二、物联网技术与智慧城市

（一）技术热点

智慧城市技术作为解决城市发展问题的重要手段，它通过全面且透明地感知信息、广泛而安全地传递信息、智慧且高效地处理信息，提高城市管理与运转效率，提升城市服务水平，促进城市的可持续、跨越式发展。以此构建新的城市发展形态，使城市自动感知、有效决策与调控，让市民感受到智慧城市带来的智慧服务和应用。

信息技术作为智慧城市的基础设施，3 个最核心的技术热点无疑是物联网技术、云计算技术和数据关联技术，事实上，这 3 大技术都属于平台性的包含众多技术分支的总体性描述。

物联网技术是以射频识别等传感设备为基础，通过物联网网关建立传感设备与互联网的连接，并实现信息通信与交换，构建物体识别与跟踪的智慧管理环境。物联网的精髓归纳为有效地感知、广泛的互联互通、深入的智能分析处理、个性化的体验。

云计算技术是一种新的基于互联网的软硬件服务模式，旨在通过最小的管理代价和可配置的计算资源为用户提供快速、动态易扩展的虚拟化资源服务。用户只需有简易的终端设备，即可使用浏览器进行身份验证后应用软硬件服务，软硬件及数据都在云计算中心。

关联数据技术是一个语义网技术的最佳实践，它采用资源描述框架数据模型，采用统一资源标识符命名并生成实例数据和类数据，在网络上进行发布和部署后能通过超文本传送协议获取，构建数据互联与人机理解的语义环境。

若将物联网当作智慧城市的感知触角，云计算当作构建智慧城市的承载骨架，城市计算则是智慧城市的大脑，它以物联网感知、整合多元城市信息，以云计算中心为计算载体，进行数据关联、数据挖掘和智能分析，面向市民和城市提供的智慧综合服务，智慧化地提升市民生活和城市环境。

（二）智慧城市特征

从信息技术的角度看"智慧城市"，智慧城市中信息技术呈现"五化"特征，即泛在化、效用化、智能化、绿色化、软性化。

1. 泛在化

信息技术的应用无处不在，人与自然、人与社会、自然与社会都联结在泛在网络中，信息能够畅通地流通、融合，网络变成信息社会的基本生产工具。

2. 效用化

IT 基础设施的部署、应用和管理将类同水、电、气一样，使用原则是集中服务、按需使用、虚拟拥有、使用方便。

3. 智能化

IT 基础设施及其应用更加智能便捷，数据融合下的信息分享技术，智能感知和尊重用户体验的应用系统、影响人们生活的各个方面，智慧城市将塑造惠及人人的美好生活愿景。

4. 绿色化

环境友好的低功耗信息技术，开始低碳经济、绿色环保后，IT、可持续发展逐渐成为城市发展关注的焦点。

5. 软性化

"无所不在的信息采集设备；畅通的信息传输通道；安全保障下的信息共享；强大的数据处理中心，智慧的软件与服务"在城市运行中发挥的作用要超过硬件生产与制造业的作用。

三、智慧城市架构

最底层是智慧城市的基础架构层，又称为知识云端层。这一层主要凝聚了有创造力的知识界，如科学家、艺术家、企业家等。这些人在不同的领域中从事知识密集型的工作，为城市发展提供知识服务。

中间层是组织云端层。这一层次的组织主要将知识云端层提供的知识进行整合和商业化以实现创新。这一层主要包括风险投资商、知识产权保护组织、创业与创新孵化组织、技术转移中心、咨询公司和融资机构等。这些组织通过他们的社会资本和金融资本，为知识云端层的智力资本提供财务和其他方面的支持。由此亦可见，创新城市是智慧城市的一个主要组成部分。

最顶层是技术云端层。这一层主要是依靠知识云端层的智力资本和组织云端层的社会资本开发出来的数字技术与环境。这一数字技术和环境是供给和满足智慧城市智慧运营的技术内核这个三层次有机连接，成为一个"智慧链"，为智慧城市的可持续发展提供不竭的动力。

21 世纪的"智慧城市"，能够充分运用信息和通信技术手段感测、分析、整合城市运行核心系统的各项关键信息，从而对于包括民生、环保、公共安全、城市服务、工商业活动在内的各种需求作出智能的响应，为人类创造更美好的城市生活。近些年来，关于未来城市的发展方向，有过很多争论，如数字城市、知识城市、生态城市、创造城市、创新城市等。从根本上说，这些城市都试图通过信息技术手段来提升城市的经济、政治和文化价值。而智慧城市既整合了数字城市、生态城市、创新城市等的特征，又凌驾于它们之上，是城市发展的高级形态。真正的智慧城市是可持续发展的城市，不仅能提升城市的经济和政治实力，还可以促进社会和文化的大繁荣。

第五节　智能农业

一、智能农业概述

随着科学技术的进步，智能农业、精准农业的发展，物联网技术在农业中的应用逐步成为研究的热点。

物联网在现代农业中应用的领域主要包括监视农作物灌溉情况、兽禽的环境状况、土壤气候变更以及大面积的地表检测，收集温度、风力、湿度、大气、降雨量、土壤水分、土壤 PH 值等，从而进行科学预测，帮助农民减灾、抗灾，进行科学种植，进而提高农业的综合效益。另外，对农产品的安全生产环境的监控，实现"农田到餐桌"的全过程管理，建立从源头治理监控到最终消费的追踪溯源系统，也是物联网的应用之一。

物联网技术对于农业应用来说任重道远，是挑战，更是机遇。正如 20 世纪 80 年代，生物技术在农业领域的应用推动了农业科技的跨越式发展一样，物联网科技的发展也必将深刻影响现代农业的未来。物联网需要无线通信、射频识别、自动控制、信息传感及计算机技术等。在我国大力推动信息化前提下，物联网将是各个行业信息化过程中一个突破口。目前对于物联网的研究主要在智能家居、物流管理等领域，在农业领域的应用尚为鲜见，但随着物联网技术的日益成熟，相信其在农业中的应用将越来越广泛。

（一）概念

智能农业是农业生产的高级阶段，是集新兴的互联网、移动通信网、云计算和物联网技术为一体，依托部署在农业生产现场的各种传感器节点（环境温湿度传感器、土壤水分传感器、二氧化碳浓度传感器、光照强度传感器等）和无线传感器网络实现农业生产环境的智能感知、智能预警、智能决策、智能分析、专家在线指导，为农业生产提供精准化种植、可视化管理、智能化决策。

智能农业，是指在相对可控的环境条件下，通过光照、温度、湿度等无线传感器，采用工业化生产，通过实时采集温室内温度、土壤温度、CO_2浓度、湿度信号以及光照、叶面湿度、露点温度等环境参数，自动开启或者关闭指定设备，及时调节农作物生长环境、使其在最优环境中生长。同时通过图像采集设备，把实时画面通过无线网络传输到PC终端，实现对温室大棚的远程监控。智能农业还包括智能粮库系统，该系统通过将粮库内温湿度变化的感知与计算机或手机的连接进行实时观察，记录现场情况以保证粮库的温湿度平衡。最终实现集约高效可持续发展的现代超前农业生产方式，实现先进设施与陆地相配套、具有高度的技术规范和高效益的集约化规模经营的生产方式。

智能农业囊括了整个农作物生命周期，从技术科研、种植收割到物流销售，它无处不在。对智能农业技术的科学应用，真正实现了农作物的全天候、反季节、周年性的规模生产。它是一门集农业工程、现代生物技术、农业新材料、智能工业控制技术等学科于一体的综合科学技术，依托于现代化农业设施的智能农业，蕴含丰富的科学技术，在大幅提升农产品的产量的同时，也降低了劳动力成本。

（二）特点

基于物联网技术的智慧农业是当今世界农业发展的新潮流，传统农业的模式已经不能适应农业可持续发展的需要，智能农业与传统农业相比最大的特点是以高新技术和科学管理换取对资源的最大节约，它是由信息技术支持的根据空间时间，定位、定时、定量地实施一整套现代化农业操作与管理的系统，其基本含义是根据作物生长的土壤性状、空气温湿度、土壤水分温度、二氧化碳浓度、光照强度等调节对作物的投入，即一方面查清田地内部的土壤性状与生产力，另一方面确定农作物的生产目标，调动土壤生产力，以最少或最节省的投入达到同等收入或更高的收入，并改善环境，高效利用各类农业资源取得经济效益和环境效益双丰收。

二、智能农业系统技术实现

（一）智能农业系统架构

物联网智能农业平台系统由前端数据采集系统、无线传输系统、远程监控系统、数据处理系统和专家系统组成。前端数据采集系统主要负责农业环境中光照、温度、湿度和土壤含水量以及视频等数据的采集和控制。无线传输系统主要将前端传感器采集到的数据，通过无线传感器网络传送到后台服务器上。远程监控系统通过在现场布置摄像头等监控设备，实时采集视频信号，通过计算机或手机即可随时随地观察现场情况、查看现场温湿度等参数和进行远程控制调节。数据处理系统负责对采集的数据进行存储和处理，为用户提供分析和决策依据。专家系统根据智能农业领域一个或多个专家提供的知识和经验，进行推理和判断，帮助进行决策，以解决农业生产活动中遇到的各类复杂问题。智能农业系统的总体架构分为传感信息采集、视频监控、智能分析和远程控制 4 部分。

（二）智能农业的关键技术

1. 信息感知技术

农业信息感知技术是智慧农业的基础，作为智能农业的神经末梢，是整个智能农业链条上需求总量最大和最基础的环节，主要涉及农业传感器技术、射频识别技术、GPS 技术以及 RS 技术。农业传感器技术是智能农业的核心，农业传感器主要用于采集各个农业要素信息，包括种植业中的光、温、水、肥、气等参数；畜禽养殖业中的二氧化碳、氨气和二氧化硫等有害气体含量，空气中尘埃、飞沫及气溶胶浓度，温、湿度等环境指标等参数；水产养殖业中的溶解氧、酸碱度、氨氮、电导率和浊度等参数。

射频识别技术，俗称电子标签。这是一种非接触式的自动识别技术，它通过射频信号自动识别目标对象并获取相关数据。

在智慧农业中，GPS 技术可以实时对农田水分、肥力、杂草和病虫害、作物苗情及产量等进行描述和跟踪、农业机械可以将作物需要的肥料送到准确的位置，而且可以将农药喷洒到准确位置。

RS 技术在智能农业中利用高分辨率传感器，采集地面空间分布的地物光谱反射或辐射信息，在不同的作物生长期，实施全面监测，根据光谱信息，进行空间定性、定位分析。

2. 信息传输技术

农业信息感知技术是智慧农业传输信息的必然路径。在智慧农业中运用最广泛的是无线传感网络。无线传感网络是以无线通信方式形成的一个自组织多跳的网络系统，由部署在监测区域内大量的传感器节点组成，负责感知、采集和处理网络覆盖区域中被感知对象的信息，并发送给观察者。

3. 信息处理技术

信息处理技术是实现智能农业的必要手段，也是智能农业自动控制的基础，主要涉及云计算、GIS、专家系统和决策支持系统等信息技术。

（三）智能农业系统组成

智能农业系统由数据采集系统、视频采集系统、无线传输系统、控制系统和数据处理系统组成。

1. 数据采集系统

该系统主要负责温室内部光照、温度、湿度和土壤含水量以及视频等数据的采集和控制。温度包括空气温度、浅层土壤温度和深层土壤温度；湿度包括空气湿度、浅层土壤含水量和深层土壤含水量。

2. 视频采集系统

该系统采用高精度网络摄像机和全球眼系统进行紧密融合，系统的清晰度和稳定性等参数均符合国内相关标准。

3. 控制系统

该系统主要由控制设备和相应的继电器控制电路组成，通过继电器可以自由控制各种农业生产设备，包括喷淋、滴灌等喷水系统和卷帘、风机等空气调节系统等。

4. 无线传输系统

该系统主要将设备采集到的数据通过网络传送到服务器上。

5. 数据处理系统

该系统负责对采集的数据进行存储和信息处理，为用户提供分析和决策依据，用户可以随时通过计算机和手机等终端查询。

（四）智能农业系统主要功能

1. 数据采集

温室内温度、湿度、光照度、土壤含水量等数据通过有线或无线网络传递给数据处理系统。如果传感器上报的参数超标，则系统出现阈值告警，并可以自动控制相关设备进行智能调节。

2. 视频监控

用户随时可以用计算机或手机等终端查看温室内的实际影像，对农作物生长进程进行远程监控。

3. 数据存储

系统可对历史数据进行存储，形成知识库，以备随时进行处理和查询。

4. 数据分析

系统将采集到的数值通过直观的形式向用户展示时间分布图，提供按日、按月等历史报表。

5. 远程控制

用户在任何时间、任何地点通过任意能上网的终端，均可对温室内各种设备进行远程控制。

6. 错误报警

系统允许用户制定自定义的数据范围，超出范围的错误情况会在系统中进行标注，以达到报警的目的。

7. 手机监控

手机可以像计算机终端一样，实时查看各种传感器的数据，并调节室内喷淋、卷帘、风机等设备。

随着计算机科学技术的不断发展以及物联网技术的不断成熟，越来越多的智能农业系统中开始涉及和应用物联网相关技术。物联网技术的不断发展，产业链的不断完善与成熟，智能农业应用的不断深化，将为我国带来新的产业发展契机，拉动更多行业和领域的专业服务提供商的出现和参与，更广泛地带动社会服务资源，促进我国经济结构的良性发展，从而提高我国整体科技竞争能力和经济效益。

第六节 智慧电网

一、智慧电网概述

基于物联网技术的智慧电网是以电网为基础，将现代先进的传感测量技术、通信技术、信息技术、计算机技术和控制技术与物理电网集成而形成的新型智慧电网。智慧电网的优势在于可以根据电力需求来优化资源配置，大大地提高了设备的利用率和传输容量，具有智能性，与客户之间的互动增强了用电系统的安全性和可靠性。

智慧电网成为现代电网发展的新趋势，智慧电网应具有高度灵活性、高可接人性、高可靠性、高经济性等特点，并且其应该更高效、更安全。

二、智慧电网系统与关键技术

（一）智慧电网系统

对于智慧电网的实现，首先需要实现电网各个环节重要运行参数的在线监测和实时信息掌控，基于物联网的智能信息感知末梢，推动智慧电网的发展。智慧电网可充分满足用户对电力的需求，并且智慧电网能够优化资源配置，确保电力供应的安全性、可靠性和经济性，满足环保约束，保证电能质量，实现对用户可靠、经济、清洁、互动的电力供应和增值服务。

面向智慧电网应用的物联网主要包括感知层、网络层和应用服务层。

感知层主要通过各种新型传感器，并基于嵌入式系统的传感器等智能采集设备，实现对智慧电网各应用环节相关信息的采集。

网络层以电力通信网为主，辅以电力线载波通信网、无线宽带网，转发从感知层设备采集的数据，负责物联网与智慧电网专用通信网络之间的接入，主要用来实现信息的传递、路由和控制。在智慧电网的应用中，考虑对数据安全性、传输可靠性及实时性的严格要求，物联网的信息传递、汇聚和控制主要借助于电力通信网实现，在条件不具备或某些特殊条件下也可依托于无线公共网。

应用服务层主要采用智能计算、模式识别等技术，实现电网相关数据信息的综合分析和处理，进而实现智能化的决策、控制和服务，从而提升电网各个应用环节的智能化水平。

（二）关键技术

1. 高级读表体系和需求侧管理

智慧电网的核心在于构建具备智能判断与自适应调节能力的多种能源统一入网的和分布式管理的智能化网络系统，其可对电网与用户用电信息进行实时监控和采集，并且采用最经济与最安全的输配电方式将电能输送给终端用户，实现对电能的最优配置与利用，可提高电网运营的可靠性和能源利用的效率。电网的智能化首先需要精确地获得用户的用电规律，从而对需求和供应有一个更好的平衡。

高级读表体系由安装在用户端的智能电表、位于电力公司内的计量数据管理系统和连接它们的通信系统组成，近年来，为了加强需求侧管理，又将其延伸到用户住宅的室内网络。智能电表可根据需要设定计量间隔，并具有双向通信功能，支持远程设置、接通或断开、双向计量、定时或随机计量读取。高级读表体系为电力系统提供了系统范围的可观性，可以使用户参与实时电力市场，而且能够实现对诸如远程监测、分时电价和用户侧管理等的更快和更准确的系统响应，构建智能化的用户管理与服务体系，实现电力企业与用户间双向互动管理与服务功能，以及营销管理的现代化运行。

随着技术的发展，将来的智能电表还可能作为互联网路由器，推动电力部门以其终端用户为基础，进行通信、运行宽带业务或传播电视信号的整合。

2. 高级配电自动化

高级配电自动化将包含系统的监视与控制、配电系统的管理以及与用户的交互，通过与智慧电网的其他组成部分协同运行，可改善系统监视电压管理、降低网损、提高资产使用率、辅助优化人员调度和维修作业安排等。

3. 智能调度技术

智能调度是智慧电网建设中的重要环节，调度的智能化是对现有调度控制中心功能的重大扩展，智慧电网调度技术支持系统则是智能调度研究与建设的核心，是全面提升调度系统驾驭大电网和进行资源优化配置能力、纵深风险防御能力、科学决策管理能力、灵活高效调控能力和公平友好市场调配能力的技术基础。调度智能化的最终目标是建立一个基于广域同步信息的网络保护和紧急控制一体化的新理论与新技术，区域稳定控制系统、紧急控制系统、恢复控制系统等具有多道安全防线的综合防御体系智能化调度的核心是在线实时决策指挥，目标是灾变防治，实现大面积连锁故障的预防。

4. 智能配电技术

在智能配电网中，智能配电装备的设计是一体化的，具有性能可靠、功能模块化、接口标准化的特点，智能配电装备是集采集、控制和保护等功能为一体的集成装备。

5. 智能配电网自愈技术

自愈技术让配电网具有自我预防、自我修复和自我控制的能力。随着分布式电源和电动汽车充换电设施的接入，以及配电网规模的不断扩大，配电网的复杂程度不断加大，会自学习、自适应，才能满足智能配电网的要求，实现事故前风险消除和自我免疫。

6. 分布式电源并网与微电网技术

未来的配电网将接纳大量的分布式能源，需要分布式电源并网与微电网技术。

三、智慧电网的应用与发展

智慧电网的核心是构建具备智能判断与自适应调节能力的多种能源统一入网和分布式管理的智能化网络系统，其对电网与客户用电信息进行实时监控和采集，采用最经济、最安全的输配电方式将电能输送给终端用户，实现对电能的最优配置和利用，提高电网运行的可靠性和能源利用的效率。物联网技术在智慧电网领域的作用如下。

（一）能源接入方面

智慧电网可以更方便、更迅速地让可再生能源发电等新型电力入网。通过物联网技术在智慧电网中的应用，可以对风能、太阳能等新能源发电进行在线监测、控制，以及及时预测分布式电源的功率变化，从而使分布式发电系统在可控的范围内，这不仅消除了分布式电源给电网带来的扰动，而且可以满足智能调度系统的需要，参与调峰。

（二）输配电调度方面

通过物联网技术的应用，遍布电网的传感器可及时感知电网内部的运行状况，比如电压、电流的变化，预测故障的发生，通过网络重构改变潮流的分布，将故障遏制在萌芽状态，实时将信息反馈给调度中心。物联网技术的应用还能够辅助调度人员在保证安全运行的前提下优化网络的运行方式，节省能源消耗，推动低碳经济。

（三）安全监控与继电保护方面

输电线路状态在线监测是物联网的重要应用，它可以提高系统对输电线路运行状况的感知能力，输电线路状态在线监测包括外界实时气象条件、线路覆冰、异地线的微风震动、导线温度与弧垂、输电线路风偏、杆塔倾斜等内容的监测。物联网技术的应用能够把电网中有问题的元件从系统中隔离出来，并在无须人为干预的情况下使系统迅速恢复到正常运行状态，不中断对用户的供电服务。

电力设备巡检能有效地保证电力设备的安全，提高电力设备的可靠率，确保电力设备正常工作。在智慧电网监管的过程中，可通过物联网技术完成自动巡检，发现问题、及时报告并解决问题。

（四）用户用电信息采集方面

通过物联网技术的应用，每个电表都会通过无线传感模块，与用户集抄管理终端联系，终端再将这些信息发送给电力公司，从而不需要抄表员，实现实时对用户用电缴费情况的管理。一方面，通过大量信息的挖掘，可以计算出一定时间段的用电动态需求量，再将这一信息及时反馈到发电企业，按需发电，在提升电网智能程度的同时，避免了无效发电的成本浪费；另一方面，借助智能电表内部强大的计算能力，还可以进行可靠的电能管理，比如分时管理、用户用电情况分类管理、最大负荷控制等，通过这些管理为一些高耗能的设备从用电高峰时段转到非用电高峰时段提供优惠折扣，实现错峰避峰用电。

第六章

物联网创新应用及策略

第一节 "物联网＋最新科技"的创新应用

一、"物联网＋区块链"

在物联网时代，我们生活中几乎所有设备都能够连接到互联网中，这些设备之间可以不通过人的干涉直接通信。这些设备能够实现自我管理，并不需要我们来经常对它进行维护，也就是说，我们人类被设备去中心化了。

既然这些设备的运行环境是一个去中心化的网络环境，那么如何实现每个设备间的信任问题呢？我们知道在以往的经验里，这些都是由中心化的机构来完成的，每个节点只需要信任中间机构，就能完成各种操作。但物联网包含了全世界无数的设备，并且都是设备之间直接进行交易或通信，而不是人。通信或交易的频次会非常频繁，交易金额也非常小。所以在这样的世界中，传统的支付系统和通信系统都不管用了。

这正是区块链的特性，区块链的分布式网络结构就是为物联网而生的。区块链是推动物联网时代发展的一个重要且关键的技术。通过区块链的分布式总账技术，将设备间的通信和交易去信任化，直接进行点对点操作；大量的数据通过分布式存储也不会有太大压力；另外区块链天然具备的价值转移属性，也为设备间的直接交易提供了可信环境。

（一）物联网和区块链结合的优势

1. 信任

区块链提供了高度的安全性和透明度。这使节点间能快速验证信息，建立信任，监控进度并触发支付，而无须依赖中央管理机构或不断的人为干预。

2. 速度

基于设备的点对点合同和分类账可加速数据的交换和处理。

3. 简单性

通过区块链，企业可以交换数据、转移商品并自动化业务流程，而无须设置昂贵的集中式 IT 结构。

4. 敏捷性

区块链实现实体间的契约行为，即智能合约，无须任何第三方"认证"物联网交易。随着区块链技术不断地走向成熟，物联网时代的到来也会越来越有眉目。也许从未来的某天开始，我们自己家里的各种家具、电器都不怎么需要我们去管理维护了，它们似乎都被赋予了"灵魂"，各司其职地为我们服务。

（二）物联网和区块链结合的应用场景

传统的供应链运输需要经过多个主体，例如：发货人、承运人、货代、船代、堆场、船公司、陆运（集卡）公司，还有做舱单抵押融资的银行等业务角色。这些主体之间的信息化系统很多是彼此独立、互不相通的。在这个应用场景中，在供应链的各个主体上部署区块链节点，通过实时（例如船舶靠岸时）和离线（例如船舶运行在远海）等方式，将传感器收集的数据写入区块链，使其成为无法篡改的电子证据，这样可以提升各方主体造假抵赖的成本，更进一步地理清了各方的责任边界，同时还能通过区块链链式的结构，追本溯源，及时了解物流的最新进展，根据实时搜集的数据，采取必要的反应措施（例如，在冷链运输中，超过 0℃的货舱会被立即检查故障的来源），增强多方协作的可能。

二、"物联网 + 人工智能"

目前我们正处于人工智能快速发展的时代，然而人工智能的发展在很大程度上依赖于物联网硬件，物联网硬件设备主要负责人工智能所需要的数据采集。我们知道大数据的产生背景就是物联网硬件采集的数据。所以物联网与人工智能之间最直接的一个联系就是大数据，物联网为大数据提供了主要的数据来源，所以没有物联网也就没有大数据，而大数据是人工智能的重要基础，所以从这个角度来说，物联网也是人工智能的重要基础。物联网发展的结果是"万物互联"，而"万物互联"必然会带来"万物智能"，所以物联网的发展会进一步促进人工智能的发展。

从整体架构来看，物联网是人工智能产品的"支撑点"。一方面物联网通过人工智能产品来感知世界；另一方面人工智能产品通过物联网来改变环境，而物联网所采集到的数据则是人工智能产品进行决策的基础。物联网技术和人工智能技术的结合会衍生一系列具有代表性的产品。

三、"物联网 + 无人机"

无人机是通过无线电遥控设备或机载计算机程控系统进行操控的不载人飞行器。无人机结构简单、使用成本低，不但能完成有人驾驶飞机执行的任务，而且更适用于有人飞机不宜执行的任务，如危险区域的地质灾害调查、空中救援指挥和环境遥感监测。

按照系统组成和飞行的特点，无人机可分为固定翼型无人机、无人驾驶直升机两大类。其中固定翼型无人机通过动力系统和机翼的滑行实现起降和飞行，遥控飞行和程控飞行均容易实现，抗风能力也比较强，类型较多，能同时搭载多种遥感传感器。其起飞方式有滑行、弹射、车载、火箭助推和飞机投放等；降落方式有滑行、伞降和撞网等。固定翼型无人机的起降需要比较空旷的场地，比较适合矿山资源监测、林业和草场监测、海洋环境监测、污染源及扩散态势监测、土地利用监测以及水利、电力等领域的应用。而无人驾驶直升机的技术优势是能够定点起飞、降落，对起降场地的条件要求不高，其飞行是通过无线电遥控或机载计算机实现程控的。但无人驾驶直升机的结构相对来说比较复杂，操控难度也较大，所以种类有限，主要应用于突发事件的调查，如单体滑坡勘查、火山环境的监测等领域。

四、物联网与 AR、VR 技术

AR（增强现实）是一种全新的人机交互技术，利用这样一种技术，可以模拟真实的现场景观，它是以交互性和构想为基本特征的计算机高级人机界面。使用者不仅能够通过虚拟现实系统感受到在客观物理世界中所经历的"身临其境"的逼真性，而且能够突破空间、时间以及其他客观限制，感受到在真实世界中无法亲身经历的体验。

VR（虚拟现实）技术是一种能够创建和体验虚拟世界的计算机仿真技术，它利用计算机生成一种交互式的三维动态视景，其实体行为的仿真系统能够使用户沉浸到该环境中。

传统的信息处理环境一直是人"适应"计算机，而我们的目标或理念是要逐步使计算机"适应"人，使我们能够通过视觉、听觉、触觉、嗅觉，以及形体、手势或口令，参与到信息处理的环境中去，从而取得身临其境的体验。这种信息处理系统已不再是建立在单维的数字化空间上，而是建立在一个多维的信息空间中。虚拟现实技术就是支撑这个多维信息空间的关键技术。虚拟现实是各种技术的综合，包括实时三维计算机图形技术、广角（宽视野）立体显示技术，对观察者头、眼和手的跟踪技术，以及触觉 / 力觉反馈技术、立体声技术、网络传输技术、语音输入输出技术等。

第二节　物联网技术的创新应用策略

一、加强物联网技术规范研究

由于部分物联网技术应用行业具备区域性、阻抗性等特点，例如农业事业的野外环境以及工业事业的部分区域等。物联网技术的创新应用必须在规范性的基础上。因此，需要针对成本、信息、联通、到达等目标，加强物联网技术中自组织网络技术、统一服务网络、接入手段、感知节点等技术的规范性。部署规范与标识方法，将数据进行融合，构建规范化的网络嵌入式系统，加强物联网跨层访问的规范性及合法性。此外，物联网技术规范性创新亦体现在数据收集、存储与研究、视频监控与远程控制等方面。其中针对数据的规范需要对物品进行有效的识别，并实时观察物品的发展动态，并将监测到的数据传输至物联网的中心设备，从而进行分析。而对视频的监控与控制则需将物联网技术与数码终端设备进行相连，保障用户利用手中的设备对家居、工作等进行远程控制，亦可利用此种技术对健康、学习等方面进行监测并规范利用。

要想进一步了解物联网的标准化，必须首先了解物联网的结构。在物联网的概念中，"物"的定义是非常广泛的，包含各种不同的物理元素，既包括各种设备，也包括环境。物联网则将数量庞大的设备和物体作为一个个元素接入互联网中，提供数据、信息和服务。也就是说，物联网首先是以互联网技术为基础，在物体与物体、物体与环境之间构成连接，并且根据实际应用不断进行技术更新的。并与云计算、大数据、人工智能等技术相结合，服务于人、环境、生产和社会。

而随着物联网的发展，人们提出了物联网的技术体系框架，从可实现的角度对物联网的发展进行了总结，将物联网系统分为四个层面：感知层、传输层、支撑层和应用层。感知层主要是对物体进行识别和数据采集。传输层是通过现有的通信网络将信息进行可靠传输。支撑层则是对采集的数据进行存储、展示和智能处理。应用层是通过组件技术将应用程序的功能模块化、标准化。

基于上述的四个层面，我们可以进一步分析。在感知层，基于物理、化学、生物等技术发明的传感器标准已经有许多专利。而传输层的各种通信标准也基本成熟，建立新的物联网通信标准的难度较大，成本较高且可行性较小。因此，物联网标准的关键和亟待统一的是关于应用层的标准，而其中尤以数据表达、交换和处理标准为核心。

现有的物联网应用层的数据交换标准大多是针对某一特定领域或行业业务提出的，具有一定的局限性，缺少统一的数据交换标准体系。总体来说，物联网的标准化工作已经得到了业界的普遍重视，但对于应用层的标准化来说，重要的是客观分析物联网标准的整体需求。

因此，加强物联网技术的创新应用，需要加强核心技术的开发。围绕我国社会应用或产品的急需，突破社会感知数据的标准与领域针对传感设备，利用多元化智能决策与云服务等关键技术，开展社会资源与人工智能管理与应用的发展策略。开发出适应环境强、低成本的核心理论，并根据不同领域设置相应应用标准，根据标准开发各领域的核心技术，并推动物联网技术与移动通信、云计算、云服务等领域进行融合，打造出合适于各领域的智能产品。

二、建设物联网技术集成平台

物联网平台并没有一个标准的定义，就如物联网并不是一项新技术，而是已有技术在新情景和新用例中的应用。每一个行业巨头都可以根据自己的业务特点，整合业务和产品线，抽离共性技术、业务流程等重组出一个"业务平台"，并称之为物联网平台。

当然，一个平台的构建并没有说的那么简单，它是一个系统的工程，需要上下游的资源整合优化，以及根据业务需求和顶层规划进行有逻辑的重组，而不是简简单单的叠加。

基于平台供应商数量众多的现实，大多数的供应商只能提供平台能力的一部分。实际上，这类公司并不能称为物联网平台提供商。如果仅仅提供连接管理或者应用使能这类简单功能，那么只能被称为连接管理平台或者应用使能平台，而不能称为综合性物联网平台。

三、加强物联网应用布局与政策

物联网已逐渐成为家喻户晓的新兴概念。在 IT 信息技术、CT 通信技术、OT 运维技术的大力推动下，人们的观念，也发生着一系列的变化：最初，大家以为有一个射频识别标签、二维码就叫物联网，认为搞物联网就是做物流；后米，大家认识到物联网是一个复杂的传感网路，认为物联网就是做传感器的；现在大家已经意识到物联网潜力巨大，并且物联网应该是一个生态系统。

诚然，物联网在过去发展的过程中，经历了种种困难，在未来的进程中，也必然会历经崎岖。如何在未来发展中占一席之地？也许，偶然的一次静心阅读，会给你刚刚好的启发。

众所周知，物联网市场规模巨大，各巨头纷纷抢先布局，战略、场景、生态，每一因素都至关重要。物联网时代，单一的产品服务无法满足客户完整的需求。生态的构建既是供给侧的发展需要，也是为需求侧提供更好的服务。一方面，企业需要构建端到端的物联网解决方案；另一方面，需要开放生态，一起做大、做优物联网服务。在整合与被整合之间，企业需要找准位置，提升服务能力，同生态合作伙伴共谋发展。

第七章

物联网技术未来发展前景

第一节　物联网的市场分析及应用前景

一、物联网市场的技术驱动

全球互联以及智能物联网的可行性导致了物联网的产生。新技术的产生，使得人们能够实现物联网的互联，而且还能够满足用户对于物联网的功能要求。

从物联网的技术成熟速度来看，即使技术可能会被使用，但由于一定的市场复杂性，最终的应用可能不是它最初的预想。随着对物联网潜力和显著影响的普遍共识，这些预测将会显示技术是如何变化的，以及如何成为物联网的一个驱动者。一些技术被看作物联网的驱动力，如低功耗设备、互联设备、计算和分布式处理能力、高级（智能和预测）传感器以及先进的执行器。

（一）易用性

易用性就是要求物联网系统要易于使用，易于构建，易于维护，易于重新调整。

1. 即插即用

利益相关者要求能够轻松添加新的组件到物联网系统，来满足用户对物联网的要求。

2. 自动服务配置

通过捕获、通信和处理"物"的数据来提供物联网服务，这些数据基于运营商发布或者用户自己订阅。自动服务可依赖于自动数据融合和数据的挖掘技术。一些"物"可配备执行器影响周围环境。

（二）数据管理

1. 大数据

物联网中越来越多的数据被创建出来。物联网相关用户希望利用大量传感器和其他数据发生器得到数据，通过提供有效预测分析来管理和控制网络。

2. 决策建模和信息处理

数据挖掘的过程包括数据预处理、数据挖掘以及知识的评估和表示。

3. 协同数据处理的通用格式

把物联网应用所收集到的数据融入已有数据里作为一个整体，以便于数据交换。物联网应用需要通用数据格式和应用编程接口（AP），以便数据可以被存取，并根据需要结合使用。重点应放在语义互操作性上，因为句法的互操作性可以通过简单的翻译实现。

（三）云服务架构

物联网相关用户希望能够灵活地部署和使用物联网，主要表现在三个方面：第一，任何地方都能够连接到物联网系统；第二，只为使用的服务支付费用；第三，能够快速配置和废止系统。物联网相关用户希望能够得到物联网系统不会被未经授权的实体用于恶意目的的保障。由于采用物联网构建的系统将实现各种目标，那么就需要不同的安全级别。物联网相关用户希望他们的个人和商业信息能够得到保密。

（四）基础设施

物联网相关用户希望能够使用基础设施，如有线、无线、封闭的网络或是连接的网络等。物联网提供的服务一般是不需要人工干预的，然而这并不意味着人们（物联网服务的使用者）不需要知道存在于使用者周围的服务。当物联网服务提供给使用者时，能够通过一定的方法使用户知道服务的存在，当然，这些方法必须符合相关法规。

二、物联网的应用前景

物联网的市场前景可以说是广阔的，如：在民用领域，物联网在家居智能化、环境监测、灾害预测、智能电网等方面得到广泛应用；在工商业领域，物联网在工业自动化、空间探索等方面都得到广泛应用。未来，全球物联网应用将朝着规模化、协同化和智能化方向发展，同时以物联网应用带动物联网产业将是各国的主要发展方向。

第二节 物联网未来发展

一、物联网的未来发展方向

在物联网中，各种人、事、物沟通的核心和基础是互联网，射频识别器、红外线传感器、全球定位系统、3D 激光扫描仪、无线通信芯片等信息感测与通信装置亦可内嵌于各种物体中，让互联网用户通过网络的沟通能力扩展到物体端，让各种物体也具备了类似人类的沟通能力。因此，我们借助各种物联网技术能创造出一种融入万物的虚拟空间，任何东西都可以装进里面，任何事物都能彼此相联。在未来的生活环境中，随处都布满着不易察觉到的微小传感器，当你外出远行时，嵌入行李箱内的传感器会自动提醒你忘记带的东西；各种芯片植入体内，可以改善人类的听力和视力；当微型计算机装置嵌入衣服或鞋子等物品时，可以利用随意布建的微型计算机系统与衣物上的微电脑互动。甚至每个人随时都可以通过智慧校园，查看自己的孩子是否已经顺利抵达学校；通过健康照护，得知父母正在公园运动，身体健康指标良好；通过智能仓储，只花 1 分钟就能完成公司库存的盘点；通过智能交通，选择最优路线去机场接客户，并与高速公路上的车辆相互"对话"，实现自动驾驶等。

物联网之所以成为未来智慧世界的关键技术，主要是因为其发展可使物体与物体之间具有沟通能力，其通信的信息整合与应用通透性可使人类的生活更智能化，进而创造人、事、时、地、物都能相互联系与沟通的环境。生活周围的各种物体，小至钥匙，大至建筑，只要引入物联网技术，就能够彼此交流，甚至与人类互动，曾经只存在于电影内的情境，将真实地出现在生活中。现今，物联网关键技术蓬勃发展，其主要运行模式为全面感知、可靠传输和智能处理，未来将持续朝着规模化、标准化和智能化的方向发展。为了达到上述虚拟世界的智能情境，必须努力实现物联网中人与物之间各种可能的智能感知、智能交融与智能应用。我们仍需努力解决以下各类问题：感知标准、异构网络的共存与信息通透性、数据融合与分析。

二、物联网的未来挑战

要实现未来世界中各种智能反应与全自动运作的梦想，完成物联网关键技术的全面感知、可靠传输和智能处理，将是未来发展的重大挑战。首先，为了实现世界全面感知的目标，在物联网中必须严加制定相关的感知标准。一旦物联网中存在统一的感知标准，可以让多种不同类型的传感器同时运作，并产生规范的数据结构，如封包格式与架构，进而使感知的信息更加细致且具有全面性。举例来说，若传感器、无线射频、二维条形码等各种类型的感测技术在其感测过程中，皆拥有规范的感知标准并同时运作，产生的感测信息将会更加细致与准确，不再因为封包格式与架构的不同而产生隔阂，进而可以降低物联网日后在进行数据交换时的困难度。这样的标准可以是感知时的感知数据格式，网络层的封包格式及通信标准，数据处理与交换时的数据内容、类型、解读方式及处理方式，以及云端和应用层的数据描述及语意描述的标准等。

当数据内容可以不受时空及设备限制而彼此交换时，便可达到物联网中可靠传输的目标。此外，虽然在各层的传输方面定义了数据交换标准、解读方式及处理方式，但在实际运作时，亦可能遭遇许多物理环境所引起的挑战，诸如传输的时段、频道、功率以及信息的稳定度等，需要进一步克服。这些潜在的影响因素，也都需要依赖不断地调试与检验。

在网络拓扑的变化方面，智能对象（如智能衣服、智能手机、射频识别芯片或其他随身设备）可穿戴或随身携带，因此，此类的智能对象将随着人类的移动而改变其位置，导致网络随时有新的智能对象加入或离开，拓扑的变化非常频繁。因此，如何在拓扑改变频繁的异构网络环境中，制定出多种有效率的数据透明传输方式，让彼此分享的内容具有完整性且不失任何信息的原有价值，是物联网透明传输必须面临的另一项重要挑战。

除了异质共存的问题外，要在物联网中有效达到可靠传输的目的，仍须考虑以下问题：

①频道的动态性。传输环境中有许多的波动和噪声，可能造成更严重的干扰。如何动态地调整频道，使数据传输更具适应性，亦是一项重要挑战。

②服务质量的支持。涉及生命安全（生命攸关的医疗数据）或实时应用（实时娱乐或影音服务）的网络传输服务，其传输效率必须有一定的品质保证，以确保精准快速且不遗失。

③信息安全。在物联网传输中，大量增加的封包传输将大幅提高传输过程被各种潜在危机攻击的可能（物理攻击、配置攻击、核心网络攻击等），因此，如何确保信息的保密性、安全性与正确性，也是网络传输必须考虑的重大要素。

要达成虚拟世界中的自动化处理，各种物联网数据的智能融合与管理将会是一大关键。物联网中的信息具有下列特征：

①信息的价值会随着产生时间的推移而贬值。

②信息的价值会随着信息正确率的增加而增加。

③信息的价值会随着被使用次数与频率的增加而增加。

④信息的价值会随着信息组合来源数的增加而增加。

为了维护以上信息的价值，物联网数据的智能管理显得愈加重要。物联网发展在这方面所面临的挑战如下：

①资源限制。架设物联网所使用的设备，包括 IP 的支持度，都必须有运算上限、内存上限和电力上限等，各项资源与设备也必须妥善规划，使其使用效率最大化。

②自动化。在一个自动化运作的物联网环境中，所有智能设备在布建之后便完全独立作业，并拥有独立的思考核心，硬件配置也可能因环境变化而需重新配置。当设备有问题产生也可以自动修复，不再需要依赖人力去操作、监控及修复，进而使一切事物可以做到自我组织、自我配置、自我管理和自我修复。

③个人隐私。为了达到物联网全面感测的目的，建立一个物联网世界，需要布建多元的传感器。但如果在人们的生活环境中布建太多传感器，这些设备所感测到的信息就会有意或无意地越界，侵犯到人们的隐私权。因此，如何在自动化应用与人类隐私之间有效划分彼此的领域，将是数据管理的一大挑战。

④物联网信息的融合与管理。利用物联网收集的数据，无论是文件、图像、语音，还是视频，各种类别的数据量都将大幅增加。如何有效管理这些大量、复杂以及连续输入的数据，减轻网络与设备的负担，亦是亟待解决的重要问题。

未来世界的梦想与实体世界的生活需求，均是物联网科技进步的原动力，物联网所衍生的服务在未来将无所不在。无论任何人、事、物，皆可随时随地地交换信息，跳脱时间与空间的羁绊和分界，进而达到信息的自由交换。当目标达成时，所有对象皆能与我们沟通，我们的生活也会变得更便利，未来世界的梦想也可得以实现。

参考文献

[1] 周丽婕，朱姗，徐振. 物联网技术与应用实践教程 [M]. 武汉：华中科学技术大学出版社，2020.

[2] 兰楚文，高泽华. 物联网技术与创意 [M]. 北京：北京邮电大学出版社，2019.

[3] 蒋宏艳，贾露. 物联网终端技术研究 [M]. 长春：吉林人民出版社，2021.

[4] 张勇，张丽伟. 物联网技术及应用研究 [M]. 延吉：延边大学出版社，2020.

[5] 黄永明，潘晓东. 物联网技术基础 [M]. 北京：航空工业出版社，2019.

[6] 乔冰. 物联网技术 [M]. 西安：西北工业大学出版社，2020.

[7] 宋巍，李妍. 物联网技术发展及创新应用研究 [M]. 长春：吉林科学技术出版社，2021.

[8] 张锦南，袁学光，陈保儒，左勇 [M]. 物联网与智能卡技术. 北京：北京邮电大学出版社，2020.

[9] 邓庆绪，张金. 物联网中间件技术与应用 [M]. 北京：机械工业出版社，2021.

[10] 李昌春，张薇薇主编. 物联网概论 [M]. 重庆：重庆大学出版社，2020.

[11] 卢向群，张锦南. 物联网技术与应用实践 [M]. 北京：北京邮电大学出版社，2021.

[12] 安一宁. 物联网技术在智能家居领域的应用 [M]. 天津：天津人民出版社，2020.

[13] 顾振飞，张文静，张正球. 物联网嵌入式技术 [M]. 北京：机械工业出版社，2021.

[14] 钟良骥，徐斌，胡文杰. 物联网技术与应用 [M]. 武汉：华中科学技术大学出版社，2020.

[15] 王玲维. 物联网技术应用的理论与实践探究 [M]. 长春：吉林人民出版社，2021.

[16] 刘杰. 计算机技术与物联网研究 [M]. 长春：吉林科学技术出版社，2021.